网络安全的 40个智慧洞见（2021）

北京网络安全大会组委会　编

人 民 邮 电 出 版 社
北 京

图书在版编目（CIP）数据

网络安全的40个智慧洞见. 2021 / 北京网络安全大会组委会编. -- 北京 : 人民邮电出版社, 2022.7
ISBN 978-7-115-59169-2

Ⅰ. ①网… Ⅱ. ①北… Ⅲ. ①计算机网络－网络安全 Ⅳ. ①TP393.08

中国版本图书馆CIP数据核字(2022)第064927号

内 容 提 要

本书立足于网络安全理论与实战的前沿，分别从网络安全的行业建设、安全运营、数字城市、工业互联网、数据安全、供应链安全、零信任、密码技术、攻防演习、研究前哨等角度为读者解析 2021 年全球网络安全的发展状态和趋势。

本书可供网络与信息安全相关科研机构人员以及高等院校研究人员、网络安全领域企业管理人员与技术研发人员参考，对网络运营管理人员、技术人员也有所帮助。本书还可作为对网络空间安全感兴趣的人士的自学参考资料。

◆ 编　　北京网络安全大会组委会
责任编辑　傅道坤
责任印制　王　郁　胡　南

◆ 人民邮电出版社出版发行　　北京市丰台区成寿寺路 11 号
邮编　100164　　电子邮件　315@ptpress.com.cn
网址　https://www.ptpress.com.cn
固安县铭成印刷有限公司印刷

◆ 开本：720×960　1/16
印张：17.25　　2022 年 7 月第 1 版
字数：288 千字　　2022 年 7 月河北第 1 次印刷

定价：100.00 元

读者服务热线：(010)81055410　印装质量热线：(010)81055316
反盗版热线：(010)81055315
广告经营许可证：京东市监广登字 20170147 号

北京网络安全大会简介

北京网络安全大会（BCS）（以下简称为“大会”）是立足北京、辐射全球的世界级交流平台。大会由中国电子信息产业集团有限公司、中国互联网协会、中国网络空间安全协会、中国密码学会、全国工商联大数据运维（网络安全）委员会、中国通信学会、中国友谊促进会、奇安信集团共同主办，北辰集团·国家会议中心独家战略运营。

北京作为科技之都、创新之都，正在加快打造网络安全产业集群，建设国内领先、世界一流的网络安全高端、高新、高价值产业集聚中心，成为具有全球影响力的科技创新中心主引擎。北京网络安全大会充分发挥北京资源优势，注重打通战略、产业、技术界限，对接供需两侧，打造政、产、企、智、学、用多方参与的交流合作平台。大会代表了中国网络空间安全的高水平和前沿的声音，每年提出的观点都成为产业发展的风向标，是北京重要的战略窗口与科技名片。

前　言

“经营”和“安全”这两个词如果分开来看很简单，每个人都会有自己的理解。但是将它们放在一起，并进行排列，则会形成“经营安全”和“安全经营”这两种组合。而这 8 个字，则包含了思辨的逻辑关系和DT（Data Technology，数据技术）时代的价值观。

“经营安全、安全经营”，不是无源之水、无本之木。回顾过去，我们在 2019 年提出“内生安全”，把安全能力内置到信息化环境中，它是DT时代的安全理念。2020 年，我们提出“内生安全框架”，用系统工程的方法建成内生安全体系，它是内生安全理念落地的方法。2021 年，我们提出“经营安全、安全经营”，意思是，只有煞费苦心地经营你的安全体系，才能保障你的经营活动安全运转。

“经营安全”实际上是对网络安全的动态掌控。过去 3 年（2019 年、2020 年、2021 年）北京网络安全大会的主题，共同组成了政府和企业实施网络安全的“三部曲”：理念、方法、动态掌控。按照这个三部曲的节奏去理解安全、实践安全、发展安全，未来我们生活的世界必将出现万物生长的繁荣景象。

今天，我提炼了两个关键词：DT时代、动态掌控。

先说第一个关键词：DT时代。

这几年，我们逐渐感觉到，时代正在发生深刻的变化。如何解读这种变化，决定了我们以什么样的方式去面对未来。

第一个明显变化是，数据问题让国际关系变得越来越复杂。从欧盟颁布《通用数据保护条例（GDPR）》到推进数字税征收计划，从TikTok被美国政府封杀到滴滴事件，我们可以明显感受到，世界各国对于数据主权的争夺越来越激烈，这种竞争在未来相当长的一段时间内都将是持续性的。

第二个明显变化是，数据资产成为勒索攻击的头号目标。勒索攻击成为网络安全的“流行病”，且勒索的赎金越来越高，造成的威胁越来越大。自 2021 年以来，勒索攻击的赎金从 2000 万美元增长到 3000 万美元，再到 7000 万美元，屡创新高。

第三个明显变化是，针对关键基础设施数字化系统的攻击愈演愈烈。仅 2021

年上半年，就发生了多起攻击事件，直接影响了人们生活、社会稳定和国家安全。

这些变化几乎都与数字系统和海量数据有关，这也标志着人类社会从IT时代进入DT时代。

DT时代的核心是数据。数据是人的延伸、交易的延伸、服务的延伸，数据也带来了商业机会的延伸、生产力的延伸、想象力的延伸。数据本身是中性的，但是因为有不同的力量，站在不同的立场，以不同的方式使用这些数据，数据就有了两面性。数据可以拿来做好事，也可以拿来做坏事。数据和人性一样，是非常复杂的。我们该如何与这种复杂性共生，是DT时代的一个重要命题。

在DT时代，有下面这 3 个显著的特征。理解了这 3 个显著的特征，就能更好地理解这种复杂性。

1. 企业经营者的安全责任从以前的有限责任变成了无限责任

在传统经济中，交易是“银货两讫”，企业经营者的责任在交易结束后基本也就结束了。但在DT时代，几乎所有的交易都数字化了，一系列新技术、新应用、新场景，与具体业务、具体用户结合在一起，共同构成了复杂的系统。在这个复杂系统中，流动着复杂的数据，发生着复杂的交易。交易可以结束，但是企业经营者的安全责任并未结束。

以前，我们乘坐出租车的时候，是招手即停，在到了目的地后，打车交易就结束了；现在，我们用手机打车，由此产生了很多数据，即使我们的出行结束，用车平台仍然需要对我们的隐私、资金等各种数据的安全持续负责。

可以说，只要用户的数据还存在，企业的责任就不会终结。保护每一个复杂交易的数据安全，成为贯穿企业经营的生命线，是企业经营者的无限责任。

2. 企业的经营活动成为国家网络安全的一部分

2021 年 7 月，滴滴公司上市没几天，网络安全审查办公室根据《中华人民共和国国家安全法》《中华人民共和国网络安全法》对滴滴实行审查；7 月 10 日，《网络安全审查办法（修订草案征求意见稿）》公开征求意见，提出掌握超过 100 万用户个人信息的网络平台运营者赴国外上市必须向网络安全审查办公室申报网络安全审查；8 月 17 日，国务院发布《关键信息基础设施安全保护条例》，明确行业主管部门、企业作为关键信息基础设施运营者要承担主体防护责任；8 月 20 日，《中华人民共和国个人信息保护法》出台，完善并明确了个人信息处理和跨境提供的规则……这一系列密集出台的法律法规充分证明，企业的经营活动已经和国家安全、社会安全产生了密切联系。

3. 网络攻击破坏企业经营变成了高频事件

2021年7月，一家从事IT管理的软件服务商出现系统漏洞，由此牵连了全球上千家企业，受影响最大的一家零售连锁企业，旗下至少800家门店被迫停业；同样是2021年7月，开源办公软件Zimbra爆出新漏洞，威胁了20万家企业的经营活动……这些事件提醒我们，网络安全的威胁对经营活动的破坏力越来越大，使其难以承受。

DT时代，无论是安全系统还是经营活动，都具备了相当的复杂性。在未来相当长的一段时期，想要安全经营，就要学会在经营中与这种复杂性打交道，这是生存和发展的关键。

上面是提出“经营安全、安全经营”的背景。只有煞费苦心地经营你的安全系统，才能保障你的经营活动安全运转。

接下来说第二个关键词：动态掌控。

我们在开篇提到“经营安全”，在此之前没有人把这两个词这样排列在一起。以前，在提及网络安全时，一般都说规划网络安全、建设网络安全、运营网络安全，还有网络安全运行。

那么，“经营”这个词与以往有什么不同呢？

在IT时代，人们认为网络安全建设是一个简单的工作。IT系统解决的是效率问题，比如无纸化办公。IT系统的部署场景是固定的，比如政企机构的办公大楼。IT系统解决安全问题的方法是隔离，即不同的业务部门建设不同的网络（所谓的专网），然后在专网的边界安装简单的安全产品。因此，在IT时代，网络安全公司的规模都比较小。

在DT时代，网络安全发生了颠覆性变化，变成了一个复杂的工作。DT系统解决的是生产力问题。比如在数字经济中，数据是生产要素，数据有生产、使用和交易问题。DT系统是大数据架构的复杂系统，“要拆墙、拔烟囱”，因此靠安装简单的安全产品或者某种“银弹”，是无法防住一切网络攻击的。安全变成了一个复杂的过程——先是通过运营发现问题，然后针对问题完善年度建设计划，之后再通过五年规划升级体系建设，让安全动起来，形成良性循环。总之，在DT时代，数据被泄密、被篡改、被删除、被盗用都是大事，网络安全对政企机构造成的影响是巨大的和致命的。

所以，我们提出了“经营”这个词。经营安全是对网络安全的动态掌控，只有让安全能力动起来，不断循环升级，才能破解复杂难题。

而要实现动态掌控，需要 3 个前提条件。

1. 目标

要让安全能力与日俱增，从而保护复杂系统和复杂交易。复杂系统、复杂交易、复杂经营，这三者是动态连接的。在未来相当长的一个时期，新技术、新应用、新场景不断涌现，因为它们新而且复杂，这就注定安全系统要不断完善，需要为安全能力设定一个能够因势而动、因时而变、与日俱增的目标。也可以理解为用内生安全框架实现安全的弹性或扩展性。

2. 投入

要用足够的资源来满足我们对安全的无限需求。安全是没有性价比的，是以结果为导向的。在DT时代，网络安全成为“一失万无”的事情，而且按照投入产出的因果关系，有投入才会有产出。这意味着我们必须对安全有足够的资源投入。这个资源既包括钱，也包括人。工业和信息化部在《网络安全产业高质量发展三年行动计划（2021-2023 年）（征求意见稿）》中提出，到 2023 年重点行业网络安全投入占信息化投入的比例要达到 10%。

3. 运营

要用专业高效的安全运营服务来抵御复杂的网络攻击。网络安全是高度复杂的攻防对抗，尤其是在DT时代，边界消失，连接网络的终端泛化，这都给网络攻击者提供了充当伪装者的条件，使得攻击者伪装后混在业务之中，很难被一眼发现。再加上有些网络攻击者有强大的背景支持，单靠政企机构单一的力量无法抵御这种复杂攻击。打个比方，保障人身安全不能单靠个体的力量，还需要警察来提供保障。在发达国家，把网络安全托管给专业的安全公司来运营就非常盛行。

有了这 3 个前提条件，我们还需要 3 个重要的能力来提升对安全的掌控力。

1. 认知能力

强大的认知能力可帮助我们把握事物基本规律，判断事物发展方向，构建自身与世界的关系。网络安全的认知能力也是如此。只有及时看到威胁，揪出威胁，阻断威胁，才能确保安全能力行之有效。

态势感知是建立认知能力的核心。这几年，态势感知在我国发展很快，传统网络安全厂商和新兴的初创安全企业都在加大对态势感知的投入。目前，态势感知主要分为 3 类：第一类主要用于监管机构，我们称之为监管类态势感知；第二类主要用于企业内网，我们称之为运营类态势感知；第三类主要用于实战演练，我们称之为攻防类态势感知。

在这3类态势感知中，针对每一类进行的单打独斗都不具备全面的认知能力：有的侧重互联网宏观态势的监测，缺乏针对性；有的侧重日常的安全运行维护，缺乏攻防能力；有的侧重战时的攻防对抗，缺乏平时常态化的运营。更为突出的问题是，针对每一类进行的单打独斗，都是只看局部不看整体：有的没有覆盖生产业务系统；有的没有覆盖三级、四级末端的网络；有的没有覆盖物联网、云、数据库和计算平台。

只有将这3类态势感知有机协同在一起，形成实战化态势感知，才能全面提升认知能力。这3类态势感知有机协同的前提是，需要构建统一的计算平台、标准和运营系统。有人把态势感知等同于安全大脑，这是不全面的。态势感知是大脑（包括五官）、四肢和武功的三合一。大脑是监管态势，能看见威胁；四肢是运营态势，能揪出威胁；武功是攻防态势，能阻断威胁。

认知能力的关键是安全运营。就像人的认知能力来自学习和实践，网络安全的认知能力来源于实战攻防的运营，旨在通过运营实现攻击告警、调查溯源、拦截阻断的往复循环。

安全运营的基础是资配漏补（资产、配置、漏洞和补丁的统称）。先要把软件、硬件、协议等资梳理清楚，建立档案，用系统管起来。在网络安全攻防中，人是战斗的士兵，资产就是城池。如果自己有多少城池都不清楚，做出的网络安全规划一定是不全面的。只有把自己的资产地图画出来，网络攻防战才能有规划、有打法。此外，还要做好配置管理、漏洞管理和补丁管理。只有资配漏补都做好了，我们才能发现安全产品的不足和安全体系的缺陷。这样日积月累下来，不合格的产品会逐渐退出，合格的产品会越来越好，安全体系会越来越健全。

2. 安全能力

以前，我们把安全市场分为产品市场和服务市场，产品和服务是两回事。现在，要把产品变成一种能力，把能力变成一种资源，并用服务的方式使用资源。换句话说，要把安全产品能力化、资源化、服务化。

安全产品能力化，即要把安全的硬件产品软件化。这是一个艰巨的任务，因为过去为了降低成本，往往会选用配置较低的硬件平台。同时，为了提高性能，往往会把软件和硬件平台深度耦合。所以，要把软件从专属的硬件平台上抠出来，适配更通用的硬件平台，几乎需要对代码重构、重写。

安全产品资源化，即要实现数据和API的标准化。各种各样的安全产品从数据采集、治理、存储、分析，到结果输出、使用、API服务，都应该遵从统一的标准，而且要与网、云、数据、应用的标准对接。这样，客户就可以用一朵安全云，把所需要的安全产品以资源的形式纳入其中。安全能力资源在对外服务过程中产生的日志，自然就形成了安全大数据，可以据此推出能提供更多安全能力的安全大数据中台服务。

安全产品服务化，即要做到调度指挥。把安全能力以资源服务的形式嵌入到需要的每个角落，并且这种安全能力的质量是可评估的。例如，如果在发生网络攻击的当时没有告警，但事后通过分析溯源定位出是防火墙漏掉了这次攻击，我们就可以去改进防火墙技术，或者用资源服务的方式快速地换用其他防火墙。

这种安全能力服务还便于进行商业模式的创新。以前我们在采购安全产品时，通过招标确定供应商，而且一经选定之后，就没有机会使用其他厂商的产品了。借助于安全能力资源服务的形式，可以选定多家安全公司的产品，并将其部署在安全云上，然后按照使用的多少来计费，且不使用就不付费。之前，购买产品模式拼的是商务关系和测试方案，而现在，购买能力资源服务模式拼的是实战效果，这种模式更能推动厂家的技术创新。

3. 授信能力

网络安全的核心问题是信任问题。比如，Wintel体系不是可信计算，所以会有很多计算机病毒出现。网络除了计算之外，更多的是人机交互，而人是安全最大的变量，人的可信度成了难题。还有，数据变成生产要素之后，谁在什么场景、可以使用什么数据、用于什么目的，也变成了一种授信问题。

IT时代的授信能力是粗放的和不足的。假设我们把每一次的网络访问都分为主体（访问者）和客体（被访问者）。主体有很多，比如人、IoT设备、App应用等。客体也有很多，比如业务系统应用、云计算资源、接口、数据资源等。在传统的认证体系中，授信是比较粗放的，一个主体可以访问多个客体，一个客体也可以被多个主体访问。这种方法有很多漏洞，被黑客广泛地用于攻击。

DT时代的授信能力是由零信任体系提供的，通过动态评估信任来实现动态可控。它不再绝对信任任何一个主体，而是给每个主体、每个客体附加很多属性，以“权限最小化”原则进行授信，并且对授信持续进行动态评估。比如，账号A是个主体，它的属性包括机器指纹、网络类型、IP地址、使用时间、工作职责和机器环境。再比如，数据资源B是个客体，它的属性包括类型、敏感级别、来源、机密、隐私、连接关系、各种标签等。借助于“权限最小化”原则，我们授权“A在办公网络下，可以在专项工作期间访问非机密属性的数据资源B”。一旦发现A的办公室网络属性消失，或者专项工作的属性消失，这个授信就自动取消。整个过程都是通过系统自动动态评估完成的。

这种授信能力是网络安全的保障。我在《漏洞》书中第一次提出网络安全的四个假设：“假设系统一定有未被发现的漏洞、假设系统一定有已发现但仍未修补的漏洞、假设系统已被渗透、假设内部人员不可靠”。关于内部人员对网络安全的危害程度，我在《漏洞》一书中也提到“85%的网络攻击源于内部”。这个“源于内部”和“内部人员”其实是一回事，它包括人员被收买、账号被盗用、机器被利用、供应链有后门等。之所以攻击成功，就是因为我们会过度信任自己的人、自己的账号、自己的机器、自己的认证、自己的供应商。

由上可知，DT时代的网络安全是一件复杂的事儿，只有经营安全，才能实现对网络安全的动态掌控，而要想提升动态掌握能力，则离不开认知能力、安全能力和授信能力。

一位古希腊哲学家提出过一个著名的悖论——飞矢不动。说的是一只箭在射出去之后，它在空中飞行，它是运动的。但是如果把时间切割开，单独去看每一个瞬间的箭，它是一样的，好像并没有运动。

“飞矢不动”的悖论告诉我们一个道理，即静止是相对的，运动是绝对的。安全也是一样，它看不见摸不着，但是当网络攻击发生后，我们也就感受到了安全的存在。

这也是我们在DT时代提出“经营安全、安全经营”这 8 个字的用意：与时间同在、与变化同在、与运动同在、与安全同在。

只要我们携起手来，共同经营好网络安全防线，就一定能迎来一个更富竞争力、万物生长的数字中国。

奇安信集团董事长

齐向东

资源与支持

本书由异步社区出品，社区（https://www.epubit.com/）为您提供相关资源和后续服务。

提交勘误

作者和编辑尽最大努力来确保书中内容的准确性，但难免会存在疏漏。欢迎您将发现的问题反馈给我们，帮助我们提升图书的质量。

当您发现错误时，请登录异步社区，按书名搜索，进入本书页面，单击“提交勘误”，输入勘误信息，单击“提交”按钮即可。本书的作者和编辑会对您提交的勘误进行审核，确认并接受后，您将获赠异步社区的 100 积分。积分可用于在异步社区兑换优惠券、样书或奖品。

扫码关注本书

扫描下方二维码，您将会在异步社区微信服务号中看到本书信息及相关的服务提示。

与我们联系

我们的联系邮箱是contact@epubit.com.cn。

如果您对本书有任何疑问或建议，请您发邮件给我们，并请在邮件标题中注明本书书名，以便我们更高效地做出反馈。

如果您有兴趣出版图书、录制教学视频，或者参与图书技术审校等工作，可以发邮件给本书的责任编辑（fudaokun@ptpress.com.cn）。

如果您来自学校、培训机构或企业，想批量购买本书或异步社区出版的其他图书，也可以发邮件给我们。

如果您在网上发现有针对异步社区出品图书的各种形式的盗版行为，包括对图书全部或部分内容的非授权传播，请您将怀疑有侵权行为的链接通过邮件发给我们。您的这一举动是对作者权益的保护，也是我们持续为您提供有价值的内容的动力之源。

关于异步社区和异步图书

“**异步社区**”是人民邮电出版社旗下IT专业图书社区，致力于出版精品IT技术图书和相关学习产品，为作译者提供优质出版服务。异步社区创办于 2015 年 8 月，提供大量精品IT技术图书和电子书，以及高品质技术文章和视频课程。更多详情请访问异步社区官网https://www.epubit.com。

“**异步图书**”是由异步社区编辑团队策划出版的精品IT专业图书的品牌，依托于人民邮电出版社的计算机图书出版积累和专业编辑团队，相关图书在封面上印有异步图书的LOGO。异步图书的出版领域包括软件开发、大数据、AI、测试、前端、网络技术等。

异步社区

微信服务号

目　录

建 设 篇

技 术 篇

建设篇

01 第1章 行业建设

构建政企协同新机制 维护关键信息基础设施安全

（齐向东 奇安信科技集团董事长）

当前，国际社会风云变幻，网络安全风险层出不穷，关键信息基础设施安全保护工作的重要性和紧迫性日益凸显。党的十八大以来，国家高度重视网络安全工作。2021年7月，国务院公布《关键信息基础设施安全保护条例》（以下简称《条例》），这是我国首部专门针对关键信息基础设施安全保护工作的行政法规，标志着中国网络安全迈向一个更高的水平。

一、《条例》是建设网络强国、应对全球网络安全形势新变化的必然要求

近几年，全球范围内针对关键信息基础设施的供应链攻击、勒索攻击等安全事件日益增多，不断动摇经济社会运行的根基。有数据显示，2020年全球勒索软件攻击的数量同比增长150%以上。世界主要国家和地区纷纷把关键信息基础设施安全保护上升到维护国家安全的高度。美国最大输油管道遭遇网络攻击和勒索后，拜登总统立即签发了一份关于改善关键基础设施控制系统网络安全的国家安全备忘录，旨在加强关键基础设施控制系统的网络安全。欧盟、俄罗斯、日本、澳大利亚也纷纷针对关键信息基础设施进行立法保护。网络安全的细胞早已扩散到经济与贸易、政治与外交、军事与安全等各个关键领域。没有关键信息基础设施安全就没有网络安全，没有网络安全就没有国家安全。《条例》的出台，有利于进一步提升国家关键信息基础设施保护水平，提高国家维护网络安全的能力。

二、《条例》是新时期指导做好关键信息基础设施保护工作的纲领性文件，进一步完善了国家网络安全法规体系

党中央、国务院高度重视关键信息基础设施安全保护工作。2017年6月1日正

式实施的《中华人民共和国网络安全法》用大量篇幅规定了关键信息基础设施保护的相关内容，突出了关键信息基础设施在国家整体网络安全制度体系中的重要地位。《条例》进一步细化完善了《中华人民共和国网络安全法》所确立的关键信息基础设施安全保护制度，明确了网信部门、公安部门以及重要行业和领域主管、监督管理部门（以下简称“保护工作部门”）的责任边界和职责要求，明确了关键信息基础设施认定原则和认定机制，细化了运营者的主体责任和义务，形成了关键信息基础设施安全保护工作相关各方的责任体系。各相关主管部门已经开展的涉及关键信息基础设施安全保护的相关工作，需要在《条例》的要求框架下开展。重要行业和领域的主管部门还需要依据《条例》制定本行业、本领域的关键信息基础设施安全保护和监督管理相关工作要求。

总体来看，《条例》的出台为关键信息基础设施保护补强了法治之网，进一步明确了我国关键信息基础设施安全保护工作相关各方的职责要求和法律责任，有助于构建多方尽责、共同协作的关键信息基础设施立体安全防护体系，更好地应对网络安全风险挑战。

三、《条例》构建起新型关键信息基础设施网络安全工作体系

（一）突出统筹协调

《条例》第三条要求“在国家网信部门统筹协调下，国务院公安部门负责指导监督关键信息基础设施安全保护工作。国务院电信主管部门和其他有关部门依照本条例和有关法律、行政法规的规定，在各自职责范围内负责关键信息基础设施安全保护和监督管理工作”。此外，还明确国家网信部门统筹协调有关部门建立网络安全信息共享机制（第二十三条）；国家网信部门统筹协调国务院公安部门、保护工作部门对关键信息基础设施进行网络安全检查检测，提出改进措施（第二十七条）；在关键信息基础设施安全保护工作中，国家网信部门和国务院电信主管部门、国务院公安部门等应当根据保护工作部门的需要，及时提供技术支持和协助（第二十九条）等。

鉴于网信部门的职责，《条例》的安排凸显了三方面的考虑：一是统筹好关键信息基础设施建设与安全的关系；二是统筹好部门的工作；三是统筹好安全与创新的协同。

（二）明确部门权责

在关键信息基础设施认定机制方面，《条例》第二条对关键信息基础设施的定义和范围延续了《中华人民共和国网络安全法》第三十一条的说法，并在《条例》的第二章专门明确了关键信息基础设施的认定机制。《条例》第九条明确由保护工作部门制定本行业、本领域的关键信息基础设施认定规则，并从重要程度、危害程度和关联性影响三方面给出了三条考虑因素。保护工作部门负责组织认定本行业、本领域的关键信息基础设施，并将结果通报国务院公安部门（第十条）。如果关键信息基础设施发生较大变化可能影响认定结果的，保护工作部门需组织重新认定，将认定结果通知运营者，并通报国务院公安部门（第十一条）。

在行业监管方面，《条例》明确各保护工作部门负责本行业、本领域的关键信息基础设施安全保护相关工作，包括制定安全规划（第二十二条）、建立健全监测预警制度（第二十四条）、建立应急预案、组织应急演练（第二十五条）、检查检测（第二十六条）等。

（三）强化主体责任

《中华人民共和国网络安全法》第三十三条至第三十八条对运营者责任提出了相关要求，《条例》在此基础上作了进一步补充完善，特别强调了运营者要落实主体责任（第四条），对运营者提出了更全面细化的责任要求。具体包括在网络安全等级保护的基础上采取保护措施（第六条），安全保护措施与关键信息基础设施三同步原则（第十二条），建立健全网络安全保护制度和责任制，保障人力、财力、物力投入，明确运营者的主要负责人负总责（第十三条），设置专门安全管理机构并对相关人员进行安全背景审查（第十四条），明确专门安全管理机构的八条具体职责（第十五条），保障专门管理机构运行经费、人员配备和参与网络安全和信息化有关决策（第十六条），每年至少进行一次网络安全检测和风险评估（第十七条），遇到重大网络安全事件和威胁时履行报告制度（第十八条），采购网络产品和服务的原则和进行安全审查的情形（第十九条），要求并监督产品和服务提供者履行保密义务和责任（第二十条），发生合并、分立、解散等情况的工作要求（第二十一条）。

上述规定细化明确了运营者的责任义务要求，从责任体系、制度建设、人员管理、能力建设、运行维护、供应链管理等方面指导运营者建立健全关键信息基础设施安全保障体系。

（四）规范行为管控

关于禁止行为，《条例》明确要求任何个人和组织不得实施非法侵入、干扰、破坏关键信息基础设施的活动，不得危害关键信息基础设施安全（第五条），未经国家网信部门、国务院公安部门批准或者保护工作部门、运营者授权，任何个人和组织不得对关键信息基础设施实施漏洞探测、渗透性测试等活动，对基础电信网络实施漏洞探测、渗透性测试等活动，应事先向国务院电信主管部门报告（第三十一条），公安机关和国家安全机关负责防范打击相关违法犯罪活动（第三十三条）。

（五）加强生态建设

为加强国家关键信息基础设施安全保护生态体系建设，《条例》还对关键信息基础设施安全标准制定（第三十四条）、人才队伍建设（第三十五条）、技术创新和产业发展（第三十六条）、服务机构建设和管理（第三十七条）、军民融合和军地合作（第三十八条）等作了原则性要求。此外，《条例》第三十二条还特别规定了能源、电信等关键信息基础设施的优先保障原则。

四、加强政企协同是落实《条例》的有效路径

2021 年是“十四五”开局之年，是关键信息基础设施安全建设规划的关键年，立足新时期，面向新要求，各级政府和企业应当严格按照《条例》要求切实履行主体责任，建立健全内部网络安全制度体系，强化以能力为导向的安全防护体系建设。

（一）建立切实可操作的政企协同联动机制

加强政府与企业之间网络安全信息、资源的共享，推动政府安全基础设施向网络安全企业开放，鼓励安全企业赋能关键信息基础设施的安全建设，加快建立保护关键信息基础设施网络安全的“政产学研用”生态体系。

（二）以新一代网络安全框架指导关键信息基础设施网络安全体系建设

“十四五”时期的网络安全建设，每一个任务设置都要综合考虑管理、技术、运行等各方面的要素，避免割裂。此外，要推动各任务之间的相互关联、能力互补，打造具备体系化作战能力的有机整体。

（三）强化网络安全与信息化的融合发展

推动安全能力对信息化的全面覆盖融合，实现安全规划、建设、运营与信息化建设的全周期同步开展，使安全成为信息化业务的内在属性，实现安全体系对信息化系统的全面覆盖。伴随着信息化水平的持续升级，整体安全能力将实现同步阶梯式上升。

（四）建立安全运营体系与评估优化体系

安全运营体系全面涵盖安全团队、安全运行流程、安全操作规程、安全运行支撑平台和安全工具等。建立面向效果而非过程的评价体系，并以数据分析的方式对整改优化提供支撑，以数据分析结果牵引新安全建设工作，从而持续提升网络安全工作成熟度。

网络安全的新范畴、新管理、新模式和新范式

（吴云坤　奇安信科技集团总裁）

一、网络安全迎来发展“新拐点”

回顾网络安全发展过去的 25 年历程，有人说是合规驱动，也有人说是威胁驱动，但如果我们回到主脉络，就会发现网络安全的发展其实与信息化的发展以及信息化对业务的影响紧密相关：随着信息化对业务的重要性越来越大，威胁也会逐步升级，合规监管也日趋严格，网络安全产业的增长速度也越来越快。

1995-2004 年，信息化对于业务是辅助性的，网络安全也处于非常初级的阶段：发展很慢，规模很小，每年只有几十亿元人民币的规模，十年间的复合增长率只有 5.8%。

2005-2014 年，信息化开始与业务结合，网络安全也随着合规和威胁升级变得越来越重要，安全问题开始显性化。在等保合规和应对威胁的驱动下，网络安全产业开始加速，年产业规模开始超过 250 亿元人民币，10 年间的复合增长率也超过了 10%。

在这个阶段，网络安全的整体思路还是先发展后治理。

2015-2020 年，随着数字化的全面转型，信息化与业务深度融合，信息系统的安全与业务稳定运行高度相关。

黑客组织也发现了信息化对业务系统的影响，开始采用更高级的手段对信息化系统进行攻击。比如APT组织攻击重要系统，窃取关键业务数据或机密信息。

2014 年，我国提出“网络安全和信息化是一体之两翼、驱动之双轮，必须统一谋划、统一部署、统一推进、统一实施”。国家先后出台了《国家网络安全战略》和《中华人民共和国网络安全法》，完成了网络安全的顶层设计。我国开始以《中华人民共和国网络安全法》为核心，建立和健全网络安全法律法规、标准规范、监督检查机制等网络安全治理体系。

这一阶段的发展思路是同步发展、同步治理：在信息化发展的同时开展网络安全治理。

自 2021 年开始，随着“十四五”的到来，数字化已经开始贯穿于经济社会发展的全领域、各层级，成为国家治理、经济发展和社会运行的核心驱动力。

因此，国家在“十四五”规划中提出数字化发展战略的同时，也提出要统筹安全与发展。我国在 2021 年先后密集出台了《中华人民共和国数据安全法》《关键信息基础设施安全保护条例》《中华人民共和国个人信息保护法》《网络安全审查办法（修订草案征求意见稿）》等法律法规、政策制度和监管手段，这些法规和手段都是超前的，强调的是治理先行。

从先发展后治理、同步发展和治理，到先治理后发展，从信息化视角来看，网络安全出现巨大转折，因此可以说网络安全迎来了发展新拐点。

在这个新拐点上，我们首先必须转换视角，从业务保障看信息化，从信息化保障看安全，最终实现从业务保障视角看网络安全；其次要转换理念，坚持治理先行，为业务高质量发展营造健康环境；最后还要转换发展模式，用系统化和工程化的思想来发展以能力为导向的信息化与网络安全深度融合的建设模式。

二、网络安全迎来发展“新拐点”

面对网络安全变化的新拐点，奇安信在过去几年做了一些自己的探索和实践。

2019 年，我们在“十三五”规划中期调整一些重大规划项目的实践基础上，提出了“内生安全”理念，将安全和信息化深度融合，通过技术融合、数据融合、人员融合，实现网络安全能力与信息化环境融合内生。

2020 年，奇安信推出了内生安全框架，把安全方法论与IT对标，借鉴信息化的 EA（Enterprise Architecture，企业架构）思想，用系统工程的方法将安全从过去零散的、局部整改为主的外挂式建设模式，走向深度融合的体系化建设模式，构建出动态综合的网络安全防御体系。

基于内生安全框架，我们在 2020 年帮助很多政企机构完成了“十四五”期间面向数字化保障的网络安全体系规划，网络安全投资在信息化中的占比也从 1%～3%提升到了 5%～10%。

2021 年以来，我们与客户一起踏踏实实地干活，把规划形成的工程和任务落地到甲方，形成实战化的安全体系。这也是齐向东董事长诠释 2021 年北京网络安全大会的主题时所提出的“经营安全”：实实在在地设计、建设和经营安全体系，保障数字化经营活动安全运转。

在这个过程中，我们遇到了一些问题和挑战，但是通过创新转变，我们把问题和挑战变成了机会。

（一）新范畴

以数据安全工程为例，数字化的集成与叠加产生了更多的应用与数据。由于数据是流动的，要在云/网/端不同的基础设施中、在不同的业务系统中流转，需要与不同的设施和应用形成缠绕与交织，由此产生了很多安全空白，对安全的覆盖度提出了挑战。

与传统的安全防护不同，在构建大数据安全防御体系时，不仅要考虑到抵御威胁与攻击的数据实体与计算环境的安全防护，还要将基于零信任架构的动态、细粒度访问控制能力与业务应用结合，实现对数据流转的精确控制，做到“主体身份可信、行为操作合规、计算环境与数据实体有效防护”；同样在安全管理层面，除了用于安全攻防的分析、事件响应处置的安全管理中心，也还要扩展到进行权限管理、认证管理、审批管理的安全策略中心。

在这个过程中就生长出很多的新安全能力，安全的范畴发生了改变。

（二）新管理

随着数字化的深入，信息化和业务深度结合，信息化系统起到了核心业务支撑的作用。信息成为业务生产资料，性质发生了改变，因此需要用管理生产资料的方式，融入到企业管理和经营过程，并上升到企业更高一级进行管理。这种性质的改变，对软件供应链的安全管理提出了挑战。

软件供应链安全，不仅要考虑供应链的自主可控，防止断供、卡脖子的问题，也要将安全与应用开发的生命周期相结合。

因此，我们需要全面梳理、掌握应用系统与供应商的整体情况，通过技术和管理手段排隐患、促能力，整改产品和供应商的现有隐患，建设供应链安全检测能力，然后建机制、抓落实，形成常态化、流程化的供应商安全管理体系，构建更加安全可控的软件供应链安全环境。

软件供应链安全的本质是管理的转变，包括管理理念和管理模式的变化。

（三）新运营

以系统安全为例，信息化系统已经融入到业务中，并以服务化的方式成为业务的重要支撑，其中IT运维是信息化最重要的工作过程之一。以资产为核心，进行配置、漏洞、补丁整体安全管理的系统安全，是与IT运维工作关联最紧密的安全运营工作。

系统安全需要依托大数据架构，获取经过融合的资产信息数据、安全配置信息、漏洞信息数据、补丁数据，在系统安全平台进行数据处理、碰撞和关联，通过指引系统安全的运行过程，通过安全策略管理以及漏洞修复等进行系统安全风险的防控。

系统安全工作不仅要落实到大数据平台和自动化工具上，还要把闭环的运行工作落到安全服务工作以及IT运维服务工作中，全面提升系统的保障能力。

原本小规模的、边缘化的安全运营，通过流程、规程、技术、数据的融合最终融入IT运维和数字化业务运营的大流程，形成对业务的真正有效保障。

这时，安全的角色就发生了变化，安全已经成功融入IT和业务中，转变为运营者和保障者。

（四）新范式

网络安全从原来的工具产品变成应用系统。以态势感知为例，态势感知是由多种安全能力、多种安全功能组合成的复杂系统，是集合了多种工具、设备、平台和人的应用系统，这种复杂性给系统组合和能力集合带来了挑战。

态势感知在我国已经发展多年，目前的态势感知主要分为3类：第一类主要用于监管机构，我们称之为监管类态势感知；第二类主要用于企业内网，我们称之为运营类态势感知；第三类主要用于实战演练，我们称之为攻防类态势感知。

奇安信曾经一度发现，态势感知的发展总是很难完全跟上不同类型客户的变化需求。我们意识到，态势感知不再是一种独立的安全工具，其本身也需要符合大数据平台与应用的标准，需要构建基于元数据驱动的数据平台、数据服务与安全应用，从而解决数据接入、数据组织、数据治理、数据服务、模型资源、业务应用组件等问题。这样一来，态势感知的构建也成为一个复杂的数据平台与应用系统的构建过程。

从原来的工具、设备转变成为平台系统，这就带来了安全范式的转变。

无论是范畴的转变、管理模式的转变、运营模式的转变还是安全范式的转变，都是发生在网络安全的新拐点上。因此，在安全与信息化深度融合的过程中，我们必须要面对这些挑战和机会。

↘ 三、新角色、新能力、新生态

在数字化时代的网络安全新征程上，网络安全从业者要主动转换新角色、发展新能力、共建新生态。

（一）要从旁观者转变为共同建设者

在建设过程中，安全从业者要从一个旁观者、一个滞后的配套工作者转换为积极的共同建设者。因为在数字化时代，安全是前提而不再滞后，与信息化是一体两翼，因此需要以内生的方式，通过同步规划、同步建设和同步运营全程参与到数字化建设中。在运营过程中，安全从业者要把安全从审计、检查、整改的检查者转变为运营职能的主动承担者，并融入网络和IT运营流程中，成为数字化业务运营大流程的一部分。

这个转变就是我们要从有限责任成为无限责任的承担者。随着信息化对业务的重要性越来越高，安全的重要性也越来越高，安全也就要深度参与到信息化和业务发展与运营中，因此我们需要真正承担起确保业务安全的无限责任。

（二）在强化非功能性能力的基础上，拓展功能性新能力

威胁导向的安全能力，比如态势感知、威胁情报、威胁监测等，对于信息化系统来说是非功能性能力。它们在技术上自成体系，脱离于信息化之外，但对于应对威胁不可或缺，而且需要伴随着威胁的不断升级持续强化。

除了强化非功能性的能力，更重要的是要拓展原本缺失的安全能力，并融入业务和应用，使其成为功能性能力。比如攻击面管理、沙箱、UBA（用户行为分析）这些原本外挂的能力随着积极防御的演进，开始进入信息化和业务循环，成为功能性能力。

在建设层面，通过安全左移的DevSecOps，进入应用从开发到部署的全流程；在运营层面，把流程、技术、数据融入IT和业务运营的大流程，融入数字化的业务运营。这都是将安全拓展成数字化业务功能性能力的举措。

通过功能性能力的发展，原本的业务和信息化对安全的恐惧就会慢慢减少，安全也会为信息化和业务的变革提供推力，真正成为数字化生产力。

（三）产业链中的各环节需要融合发展，共同构建新安全生态

之前的安全生态是安全厂商的生态，更像是安全圈内的事情。在现在的数字化

时代，安全生态亟须破圈。

在甲方的安全生态中，不仅有安全部门的人和组织，还需要加入信息化部门、业务部门，甚至与企业管理层建立起覆盖数字化业务全流程、各层级的真正的数字化安全生态。

在乙方的安全生态中，不仅有安全厂商，还必须把大的集成商、平台厂商、科技厂商、信息化服务提供集成商融合在一起，构成包含数字化建设全过程、各环节的一个新的数字化安全生态，从而推动数字化时代的安全，承担数字化赋能者的使命，让安全成为数字化生产力，成就美好的数字化未来。

随着我国相关法律法规的密集出台，今天的网络安全市场一片欣欣向荣。但是作为一名网络安全从业者，我也有很多担忧：法律法规这么多，每一个都自成体系，有自己的范畴，有各种要求，而且要求越来越高。然而，对于处于数字化过程中的大多数企业，它们正在积极探索IT与业务的变革，可能没有太多的精力去逐一实现所有体系中的每个条款。

我们提出的内生安全框架就是通过工程化的方法，通过“十大工程”和“五大任务”来满足各种需求，帮助客户搞好建设、做好运营，满足各种法律法规要求。希望我们大家一起基于内生安全框架，脚踏实地地推动每一个工程的落地，满足每一条法律法规的要求，真正助力国家和政企“十四五”规划的数字化转型。

这，就是我们在新拐点上的新征程！

营造良好数字生态的三大法治基石

（王春晖　浙江大学教授、博士生导师）

《中华人民共和国国民经济和社会发展第十四个五年规划和2035年远景目标纲要》（以下简称“十四五”规划）明确提出，构建数字规则体系，营造开放、健康、安全的数字生态。“十四五”规划特别提到，加强涉及国家利益、商业秘密、个人隐私的数据保护，加快推进数据安全、个人信息保护等领域基础性立法，强化数据资源全生命周期安全保护。《中华人民共和国数据安全法》和《中华人民共和国个人信息保护法》是社会关注度极高的数据安全和个人信息保护领域的两部基础性法律法规，已经在“十四五”的开局之年出台，并分别于2021年9月1日和2021年11月1日起施行。

本文认为，《中华人民共和国网络安全法》《中华人民共和国数据安全法》和《中华人民共和国个人信息保护法》是营造良好数字社会生态的三大法治基石。

首先，网络安全已经成为关系国家安全和发展、关系广大人民群众切身利益的重大问题，网络已经深刻地融入经济社会生活的各个方面，网络安全的威胁正在向经济社会的各个层面渗透。实践表明，《中华人民共和国网络安全法》为维护网络空间主权和国家安全、社会公共利益，保护公民、法人和其他组织的合法权益，提供了坚实的法律保障。

其次，网络安全的核心是数据安全，在数据对各领域的重要性与日俱增的同时，数据风险与数据安全问题也愈发突显，给人类和社会带来了前所未有的挑战。数据安全与数据治理，不仅关乎数据作为重要生产要素的开发利用，而且与国家主权、国家安全、社会秩序、公共利益、公民隐私等休戚相关。《中华人民共和国数据安全法》以贯彻总体国家安全观的目的为出发点，以数据治理中最为重要的安全问题为切入点，抓住了数据安全的主要矛盾和平衡点，是我国数据安全领域的一部重要的基础性法律法规。

最后，个人信息涉及自然人的人格权和财产权。在网络环境下，公民虽然是信息内容的主体，但是完全不能控制自己的个人数据和信息，根本无法了解自己的信息和数据在何时何地被何人以何种方式非法收集、使用、加工、传输。《中华人民共和国个人信息保护法》是社会关注度极高的一部新兴领域的法律法规，其核心不在于“个人信息”本身，而在于规范个人信息的处理活动，确保个人敏感信息在不受侵害的基础上，促进个人信息的依法合理利用。

强化网络空间的生态治理，必须要构建完整的数字规则体系，营造开放、健康、安全的数字生态。网络空间是亿万民众共同的精神家园。网络空间天朗气清、生态良好，符合人民利益。网络空间乌烟瘴气、生态恶化，不符合人民利益。我们要本着对社会负责、对人民负责的态度，依法加强网络空间治理。

数字社会具有五维空间属性，即地理空间、能力空间、有序空间、人文空间、梯度空间。数字社会具有三大特征，即以网络为重要载体；以数据为关键要素；以增进人民福祉为发展目标。这是数字社会的本质要求，脱离了本质，数字社会将会成为无源之水和无本之木，不但不能给社会带来智慧，而且还可能会导致数字风险和危机。因此，数字社会生态就是要使上述的“五维空间”更智慧、更便捷、更高效、更安全。

不少文件将“数字社会”翻译成digital society，我觉得有点不妥。“数字社会”的英文应翻译成society powered by digital technology。也就是说，社会和数字的关系是由数字技术赋能于社会，即“数字技术赋能的社会”。数字技术赋能的社会是一种综合性、整体性、安全性的数字化、网络化和智能化的发展过程。在整个发展过程中，需要建立五大综合体系：建设广泛覆盖的信息通信网络；具备深度互联的信息体系；构建协同的信息共享机制；实现信息的智能处理；拓展信息的开放应用。

当前，数字社会将大量的智能终端设备和传感器接入网络与数字平台，由此产生的复杂的接入环境、多样化的接入方式、数量庞大的智能接入终端，带来了更复杂的网络与数据安全问题。在上述数字社会五大综合体系的建设中，很多会涉及关键信息基础设施的建设，因此必须按照《关键信息基础设施安全保护条例》的要求，优先采购安全可信的网络产品和服务。如果采购的网络产品和服务可能会影响到国家安全，则应当按照国家网络安全规定进行安全审查。

数字社会涵盖政务服务、城市管理、民生服务等各个领域，从技术角度来看，通信网、互联网和物联网成为数字社会发展的基础设施，基于这3个网络的云计算平台和大数据应用成为数字社会发展的核心，而承载社会运行管理的网络设施、信息系统和海量数据极易成为网络攻击的显著目标，而且一旦遭到破坏、功能丧失或者数据泄露，将严重危害国家安全、国计民生、公共利益。《中华人民共和国网络安全法》《中华人民共和国数据安全法》和《中华人民共和国个人信息保护法》为营造良好数字生态提供了坚实的法律保障，是构建安全数字社会生态体系的三大法治基石。

↘ 一、《中华人民共和国网络安全法》的核心是保护关键信息基础设施安全

据报告，在全世界可能出现的风险中，排名最高的是极端的天气，第二是自然灾害，第三是网络攻击，第四是数据诈骗和窃取。我国的《中华人民共和国网络安全法》是在国际网络安全最严峻的时期出台，显得非常及时且极为重要。

《中华人民共和国网络安全法》的核心要素是维护关键信息基础设施的安全，这是《中华人民共和国网络安全法》的基石。国家关键信息基础设施涉及公共通信和信息服务、国防、能源、交通、水利、金融、公共服务、电子政务等重要行业与领域。一旦这些重要领域的关键信息基础设施遭到破坏、功能丧失或者数据泄露，将严重危害国家安全、国计民生、公共利益。

美国政府在9·11事件之后，对网络空间整体战略进行了调整。2003年2月，美国政府将网络空间发展战略从“发展优先”调整为“安全优先”，并正式通过了《网络空间安全国家战略》。该战略明确了实施网络空间安全保护计划的指导方针，提出了三大战略目标：预防美国的关键基础设施遭到信息网络攻击；减少国家对信息网络攻击的脆弱性；减少国家在信息网络攻击中遭受的破坏，减少恢复时间。

《中华人民共和国网络安全法》第三十一条采用了“非穷尽列举行业和领域+危害后果”的立法技术，明确了关键信息基础设施的重点保护范围，但并没有给出关键信息基础设施的定义。2021年7月30日，国务院公布的《关键信息基础设施安全保护条例》（以下简称《条例》）第二条明确了“关键信息基础设施”的定义，即“公共通信和信息服务、能源、交通、水利、金融、公共服务、电子政务、国防科技工业等重要行业和领域的，以及其他一旦遭到破坏、丧失功能或者数据泄露，可能严重危害国家安全、国计民生、公共利益的重要网络设施和信息系统等”。

《条例》列举的重点行业和领域基本上与《中华人民共和国网络安全法》保持了一致，但是《条例》增加的“国防科技工业”成为八类被列举的重点行业和领域之一。《条例》中的“关键信息基础设施”的定义有两层结构：第一层结构明确了关键信息基础设施属于重要的网络设施和重要的信息系统；第二层结构是用3个定

语进一步修饰和说明“网络设施和重要的信息系统”的重要性，第一个定语是列举了特别重要的八类行业和领域，第二个定语是其他不特定的重要领域，第三个定语是可能造成的危害的程度和后果。

《条例》第八条规定：“本条例第二条涉及的重要行业和领域的主管部门、监督管理部门是负责关键信息基础设施安全保护工作的部门（以下简称保护工作部门）。”由此，《条例》第二条的“关键信息基础设施”定义中列举的八类行业和领域，在《条例》中被正式界定为“负责关键信息基础设施安全保护工作的部门”，具有非常强的针对性。

二、《中华人民共和国数据安全法》聚焦数据安全领域的突出问题

网络安全的核心是数据安全，数据的保护与治理不仅关乎数据本身作为重要生产要素的开发利用与安全问题，而且与国家主权、国家安全、社会秩序、公共利益等休戚相关。

《中华人民共和国数据安全法》体现了总体国家安全观的立法目标，聚焦于数据安全领域的突出问题，明确了我国数据安全保护的域外法律效力，确立了数据分类分级管理制度，建立了数据安全风险评估、监测预警、应急处置制度，构建了数据安全审查等基本制度，并明确了相关数据处理者的数据安全保护义务，是我国首部有关数据安全的基础性法律。

《中华人民共和国数据安全法》第三条第一款明确了“数据”的定义：“数据，是指任何以电子或者其他方式对信息的记录。”该条款具有两层含义：一是“数据”是对信息的记录，这表明《中华人民共和国数据安全法》中的数据是有语义的信息，具有可识别性，其本身具有价值；二是对信息的记录可以是电子形式，也可以是非电子形式。

《中华人民共和国数据安全法》首次以法律的形式对“数据”进行定义，实际上《中华人民共和国网络安全法》第七十六条并没有对“数据”进行定义，而是对“网络数据”给出了定义：“通过网络收集、存储、传输、处理和产生的各种电子数据。”它只涉及了网络环境下被处理的各种“网络数据”（电子数据）。

《中华人民共和国数据安全法》确立的“数据”定义不仅涉及数字网络环境下的“网络数据”，也涉及非数字网络环境下的传统数据，特别考虑到了“电子数据”

和“非电子数据”之间本身可以相互转化。由此，《中华人民共和国数据安全法》有关“数据”的定义更宽泛，且具有可操作性，特别是在中外法律中多数不能用数据或信息表述的情形下更具有实用性。

《中华人民共和国数据安全法》第七条提出：“国家保护个人、组织与数据有关的权益，鼓励数据依法合理有效利用，保障数据依法有序自由流动，促进以数据为关键要素的数字经济发展。”该条明确了国家对个人、组织与数据有关权益保护的基础上，鼓励数据的依法合理有效利用，并促进以数据为关键要素的数字经济的发展。

目前，各类网络平台，尤其是超级网络平台通过自身营造的网络生态系统，将网络公共空间的数据当作一种私权，这是一种典型的数据垄断，严重阻碍了数据要素市场的构建。对此，《中华人民共和国数据安全法》明确提出了开展数据处理活动的六项核心义务：应当遵守法律、法规；应当尊重社会公德和伦理；应当遵守商业道德和职业道德；应当履行诚实守信原则；应当履行数据安全保护义务；应当承担社会主体责任。在任何情况下，都不得危害国家安全、公共利益，不得损害个人、组织的合法权益。

↘ 三、《中华人民共和国个人信息保护法》的最大亮点是确立了以“告知－知情－同意”和“两个最小”为核心的个人信息处理规则

《中华人民共和国个人信息保护法》是社会关注度极高的一部法律，该部法律总体上坚持了“以人民为中心”的法治理念，突出了国家尊重和保障人权的宪法原则，规范了个人信息处理的规则，强化了对个人敏感信息的保护，充分保障了个人信息权益的行使，强化了个人信息处理者的义务等，抓住了个人信息保护的主要矛盾和平衡点，是我国个人信息保护领域的一部重要基础性法律。

在学习和贯彻《中华人民共和国个人信息保护法》时，建议重点把握以下七大要点：一是个人信息保护应遵循的基本原则，尤其是处理个人信息时应当遵循合法、正当、必要和诚实信用，以及“最小方式”和“最小范围”原则；二是个人信息处理的规则体系，重点掌握个人信息处理的核心规则，即“告知－知情－同意”，自动化决策的透明度和公平性，严格禁止“大数据杀熟”，尤其是强化对敏感个人信息和未成年个人信息的保护，以及规范国家机关的个人信息处理活动等；三是个人

信息跨境提供的规则，重点掌握关键信息基础设施运营者以及处理个人信息达到规定数量的个人信息处理者，应当将在中国境内收集和产生的个人信息存储在境内，向境外提供的，应当接受国家的安全评估；四是保障个人信息权利的行使，包括知情权、决定权、查阅与复制权、个人信息可携带权以及个人信息的更正、补充和删除权等；五是个人信息处理者的义务，重点关注对个人信息保护影响的评估机制和大型网络平台的主体责任；六是个人信息保护的工作机制，熟悉和了解国家网信部门统筹协调下的个人信息保护工作机制和相关监督管理工作；七是对不履行个人信息保护义务应承担的法律责任，重点把握对企业的董事、监事、高级管理人员和个人信息保护负责人的法律责任，以及个人信息处理者侵权责任的过错推定等。

以上七大要点中的重点是对个人信息处理规则的确立，尤其是确立以“告知—知情—同意”和“两个最小”为核心的个人信息处理规则。《中华人民共和国个人信息保护法》在立法过程中，充分借鉴了国际组织和一些发达国家的个人信息保护立法先进经验，这些国际组织和国家的个人信息保护立法均强调未经被收集者同意，不得收集和向他人提供个人隐私信息，突出了知情权、明示同意权、访问权、注销权、撤回权、封锁权、更正权、删除权等个人信息权。

我国宪法明确规定，国家尊重和保障人权，公民的人格尊严不受侵犯，公民的通信自由和通信秘密受法律保护。制定实施个人信息保护法对于保障公民的人格尊严和其他权益具有重要意义。据此，《中华人民共和国个人信息保护法》第一条明确规定：“为了保护个人信息权益，规范个人信息处理活动，促进个人信息合理利用，根据宪法，制定本法。”该条作为立法宗旨，突出了国家尊重和保障人权的宪法原则，有着极其重要和深远的意义。

《中华人民共和国个人信息保护法》在第一章“总则”的第六条提出了处理个人信息的“两个最小”原则：一个是处理个人信息应当具有明确、合理的目的，并应当与处理目的直接相关，采取对个人权益影响最小的方式；另一个是收集个人信息，应当限于实现处理目的的最小范围，不得过度收集个人信息。这两个“最小原则”是个人信息处理的核心规则，也是个人信息保护法的最大亮点，尤其是处理目的的“最小范围”，是禁止“过度收集个人信息”的核心要点，因为个人信息处理者只有在严格遵守处理目的的“最小范围”的前提下，才能确保对个人权益影响最小。

《中华人民共和国个人信息保护法》第二章专门规定了“个人信息处理规则”，并在第二节专门确立了“敏感个人信息的处理规则”。最近，作者在网络上阅读众多对“个人信息处理规则”的解析时发现，大多认为《中华人民共和国个人信息保护法》确立了以“告知－同意”为核心的个人信息处理规则。事实上，《中华人民共和国个人信息保护法》不仅是确立了以“告知－同意”的个人信息处理规则，而是构建了以“告知－知情－同意”为核心的个人信息处理规则体系。

必须指出，个人信息处理者“告知”的目的是为了确保被告知者的充分“知情”，只有被告知者在充分知情的前提下才能自愿、明确地做出决定。因此，《中华人民共和国个人信息保护法》第十四条明确规定：“基于个人同意处理个人信息的，该同意应当由个人在充分知情的前提下自愿、明确作出。法律、行政法规规定处理个人信息应当取得个人单独同意或者书面同意的，从其规定。”该条特别强调了“基于个人同意处理个人信息的，该同意应当由个人在充分知情的前提下自愿、明确作出”，即“告知－知情－同意”。

大数据和云环境下的个人信息，从一开始就与自然人主体分离并进入数字平台，因此尊重个人信息的消极权利，防止个人信息的控制者和处理者的父权主义对个人信息权利的收集、存储、使用、加工、传输、提供、公开等，这是个人信息保护法对自然人“告知－知情－同意”保护的根源和本旨。

《中华人民共和国民法典》第一千零三十四条规定：“自然人的个人信息受法律保护。

个人信息是以电子或者其他方式记录的能够单独或者与其他信息结合识别特定自然人的各种信息，包括自然人的姓名、出生日期、身份证件号码、生物识别信息、住址、电话号码、电子邮箱、健康信息、行踪信息等。

个人信息中的私密信息，适用有关隐私权的规定；没有规定的，适用有关个人信息保护的规定。”

按照《中华人民共和国民法典》的上述规定，个人信息保护应当由特别法《中华人民共和国个人信息保护法》做出规定。对此《中华人民共和国民法典》规定，个人信息中的私密信息，适用《中华人民共和国民法典》有关隐私权的规定；《中华人民共和国民法典》没有规定的，适用有关个人信息保护的规定。因此，我国个人信息保护法没有对自然人的隐私信息做出专门规定，而是将个人信息分为敏感信息和非敏感信息，并专节设置了“敏感个人信息的处理规则”，对“敏感个人信息”的概念和敏感个人信息的处理规则做出了明确具体的规定。

《中华人民共和国个人信息保护法》第二十八条是“敏感个人信息”的定义，即“敏感个人信息是一旦泄露或者非法使用，容易导致自然人的人格尊严受到侵害或者人身、财产安全受到危害的个人信息，包括生物识别、宗教信仰、特定身份、医疗健康、金融账户、行踪轨迹等信息，以及不满十四周岁未成年人的个人信息。”该定义采用了“个人信息被泄露或者非法使用+危害后果+列举重要敏感个人信息”的立法技术，同时将不满十四周岁未成年人的个人信息也纳入了“敏感个人信息”给予重点保护。

《中华人民共和国个人信息保护法》对处理敏感个人信息做出了严格的限制性规定，即只有在具有特定的目的和充分的必要性，并采取严格保护措施的情形下，个人信息处理者方可处理敏感个人信息。特别是处理敏感个人信息应当取得个人的单独同意。如果法律、行政法规规定处理敏感个人信息应当取得书面同意的，应当从其规定。

《中华人民共和国个人信息保护法》还特别针对“大数据杀熟”“用户画像”和“算法推荐”等涉及个人信息自动化决策的热点问题做出了规范，并明确要求，处理个人信息应当遵循合法、正当、必要和诚信原则，不得通过误导、欺诈、胁迫等方式处理个人信息。

值得注意的是，《中华人民共和国个人信息保护法》第五条引入了“诚信原则”。“诚信原则”是“诚实信用原则”的简称，这是民法中最重要的一项原则，被称为“帝王原则”。《中华人民共和国个人信息保护法》中的“诚信原则”要求所有个人信息的处理者在不损害个人信息权益的前提下，追求自己的合法利益。尽管“诚信原则”属于《中华人民共和国个人信息保护法》的一般条款，但其外延和内涵都不确定，且涵盖的范围极大，远远超过其他一般条款的规定。

随着《中华人民共和国个人信息保护法》的实施，我国个人信息安全保护的基本要义在于：在确保个人敏感信息不受非法侵害的基础上，促进个人信息在“合法、正当、必要和诚信原则”和“告知－知情－同意”原则的基础上，并遵循“实现处理目的的最小范围”和“采取对个人权益影响最小的方式”原则的前期下，进行合情、合理、合法的开发和利用。

法律的生命在于实施，法律的权威也在于实施。要想真正营造良好的数字社会生态，绝不仅仅是靠科学技术的进步，而是必须构建包含以法律为保障、以道德为支撑、以诚信为基石、以增进人民福祉为目标的四大核心价值体系。

2021 年中国企业数字安全建设探索与实践

（刘川琦　奇安信行业安全研究中心研究员）
（裴智勇　奇安信行业安全研究中心主任）

一、从国家“十四五”规划纲要看网络安全发展趋势

《中华人民共和国国民经济和社会发展第十四个五年规划和 2035 年远景目标纲要》（以下简称《纲要》）经第十三届全国人民代表大会第四次会议审查批准，正式发布。

《纲要》指出，“十四五”社会发展的主要方向可归为经济发展、创新动力、民生福祉、绿色生态和安全保障五大类和 20 个指标。其中未来五年数值变动最大的指标之一数字经济核心产业增加值占GDP比重从 7.8%提升到 10%。加快数字发展，建设数字中国，未来五年中国的数字经济、数字社会和数字政府的浪潮不会停止，数字技术和实体经济将深度融合，催生出大量的新产业和新模式。《纲要》中列出了七大数字经济产业与十大数字化应用的场景。七大数字经济产业分别为云计算、大数据、物联网、工业互联网、区块链、人工智能、虚拟现实（VR）和增强现实（AR）。催生出的十大数字化应用场景分别为智能交通、智慧能源、智能制造、智慧农业及水利、智慧教育、智慧医疗、智慧文旅、智慧社区、智慧家居和智慧政务。

然而，产业数字化的融合与发展在带来了极大便利的同时，也带来了数字化转型中最典型和关键的风险——网络安全风险。

数字化进程深入推进，数字经济已经成为我国经济和社会发展提质增效、转型升级的新引擎，已经成为统筹经济发展的重要力量。《中共中央关于制定国民经济和社会发展第十四个五年规划和二〇三五年远景目标的建议》中也强调，要坚定维护国家政权安全、制度安全、意识形态安全，全面加强网络安全保障体系和能力建设。

未来五年，继续推进数字产业化和产业数字化，维护和保障水利、电力、供水、

油气、交通、通信、网络、金融等关键基础设施安全稳定运行，需要政府、产业、智库等协同努力，尤其是网络安全企业需要发挥创新主体优势，促进网络安全技术与产业持续发展，为达成“十四五”目标奠定安全基石。

二、中国企业数字安全建设成熟度模型

加快数字化发展，是 2021 年政府工作报告中“十四五”时期的主要目标任务之一。数据安全作为数字化和经济发展的根基，其实战防护作用和发展驱动效应日益显著。

为了更好地了解大中型企业数字安全建设情况，奇安信行业安全研究中心从政府机构、交通运输、能源（石油石化、电力水利）、医疗卫生和制造业这五大领域中抽取了 35 家有代表性的企业进行调研，其中政府机构占 20%，交通运输占 11.4%，能源（石油石化、电力水利）占 37.1%，制造业占 8.6%，医疗卫生占 22.9%。

调研结果包含企业数字化投入、安全运维投入以及安全部署情况等大量有价值的信息，供大家参考。

本次调研结果针对网络安全公司最关心的几个问题，参考第三方机构的数字化成熟度报告，同时结合网络安全特点选取了 5 个维度，设置了 5 个等级进行研究。其中，5 个维度分别为战略和组织、流程和监管、技术与服务、人才和能力以及合规建设。5 个等级根据其数字安全建设程度分为青铜（1 分）、白银（2 分）、黄金（3 分）、钻石（4 分）和王者（5 分）。

三、重点行业数字安全建设成熟度

从行业数字安全建设情况来看，各行业数字安全成熟度多为中等偏上水平。其中，人才和能力整体水平在 5 个维度中较高。能源行业整体成熟度更高，接近钻石等级（4 分），但制造业由于合规建设方面缺口较大，导致整体水平处于 5 个行业的下游。

下面我们具体从企业规模、战略和组织、流程和监管、技术与服务、人才和能力、合规建设等各个维度进行分析。

（一）企业规模

本次调研对象包含五大行业中不同规模的企业。通过调研结果可以发现，目前我国很多行业都处于“深度数字化依赖”状态，其数字化建设程度与基础设施建设规模相匹配，而并非与员工人数相匹配（见图 1）。

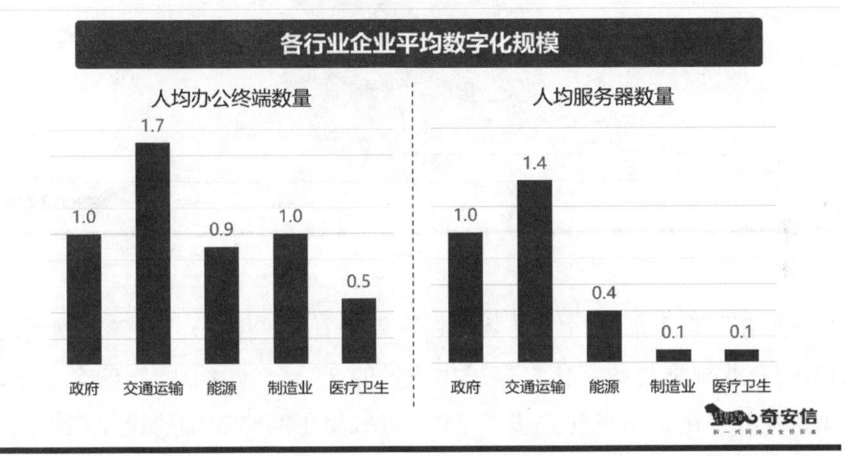

图 1

从企业人均办公终端数量来看，交通运输行业人均终端数最多，为 1.7 个/人；其次为政府机构和制造业，为 1 个/人；医疗卫生行业人均终端数量最少，仅为 0.5 个/人。

从企业人均服务器数量来看，交通运输行业人均服务器最多，为 1.4 个/人；其次为政府机构，为 1 个/人；制造业和医疗卫生行业最少，仅为 0.1 个/人。

（二）战略和组织

随着全球经济全面进入数字化转型期，我国也提出了“数字中国”“网络强国”等一系列与数字化转型紧密相关的战略部署，将数字化转型作为重要发展战略与经济驱动力。数字化转型是在信息化降低了政企机构运行成本的基础上，进一步将信息技术与政企机构业务运行、管理流程融合在一起，形成新的业务运行模式。

从“十四五”期间企业数字化、信息化建设投入来看（见图 2），20%的企业投入在 200 万～500 万人民币；17.1%的企业投入在 500 万～1000 万人民币，投资超过 1 亿人民币的企业占据企业总数的 31.4%。

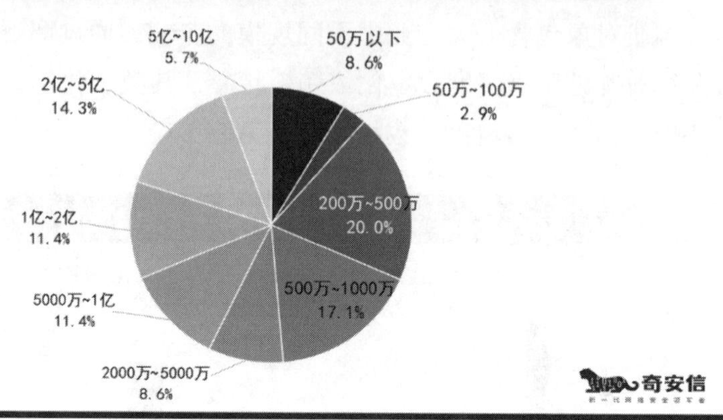

图 2

从“十四五”期间企业网络安全规划投入来看（见图 3），投资与规划均必不可少。37.1%的企业规划将数字化、信息化建设的 2%～5%用于网络安全建设；14.3%的企业规划将数字化、信息化建设的 5%～10%用于网络安全建设。在调研的 35 家企业中，只有 17.1%的企业不清楚或根本没有明确的网络安全规划目标。同时，有超过 4 成的企业制定了 1～2 年的数字化安全建设规划。

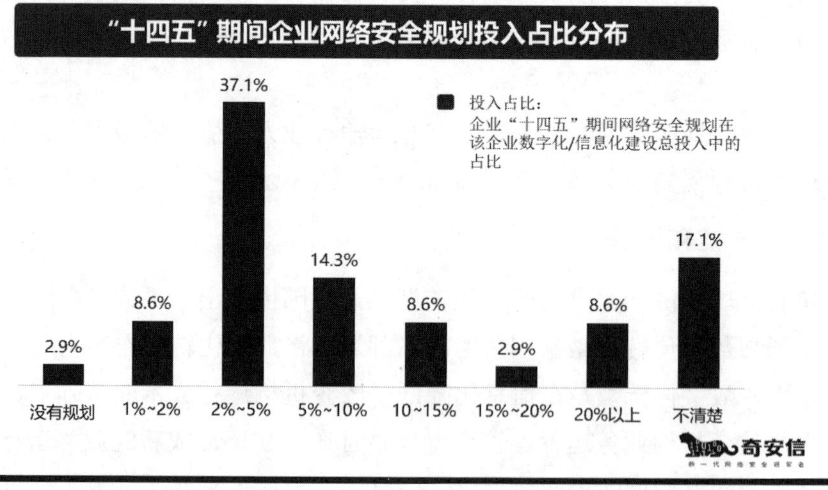

图 3

（三）流程和监管

数字化转型的脚步不断加快，企业从原始的线下手动处理逐步向核心流程自动化甚至全流程自动化进行转变。数字化办公等一系列应用系统的快速开发与迭代，其安全性、可靠性也面临着比以往任何时候都更加严峻的挑战。企业数字化转型与网络安全管理过程中是否有明确的制度及量化考核的指标，是企业数字安全建设成熟度的一个重要评价标准。

在接受调查的企业中，从制度及指标来看，80%的企业有系统的管理要求（见图4），其中有半数企业（即40%的企业）在有系统管理要求的同时也拥有强制的指标考核。17.1%的企业只有简单的管理要求，但没有系统成文的相关文件。

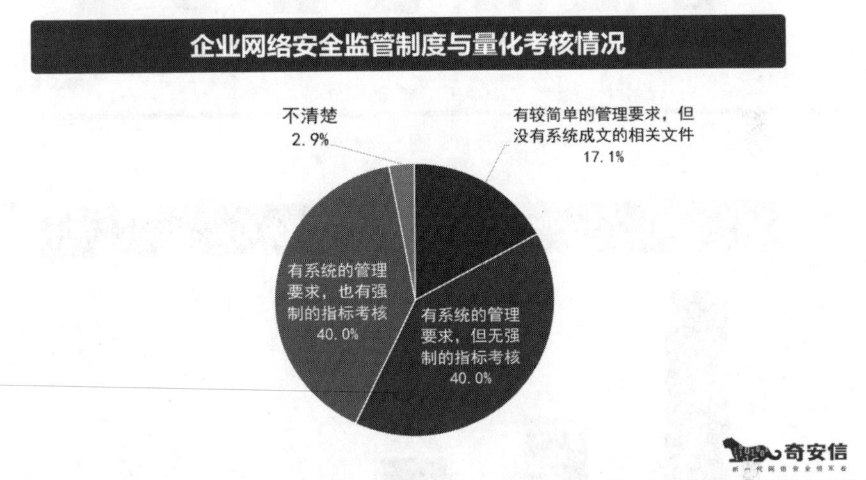

图4

（四）技术与服务

安全设备的部署及相应的威胁发现能力可以在一定程度上展现企业的数字安全建设成熟度。在接受调研的企业中，所有企业均部署了本地安全防护，11.4%的企业没有部署云安全防护，11.4%的企业没有部署威胁感知系统。

从本地安全防护部署来看（见图5），97.1%的企业部署了防病毒系统，排名第一；94.3%的企业部署了IDS/IPS系统，排名第二。

从威胁感知系统的部署情况来看（见图6），88.6%的企业部署了流量监测设备；45.7%的企业部署了蜜罐系统，31.4%的企业部署了邮件威胁感知系统。

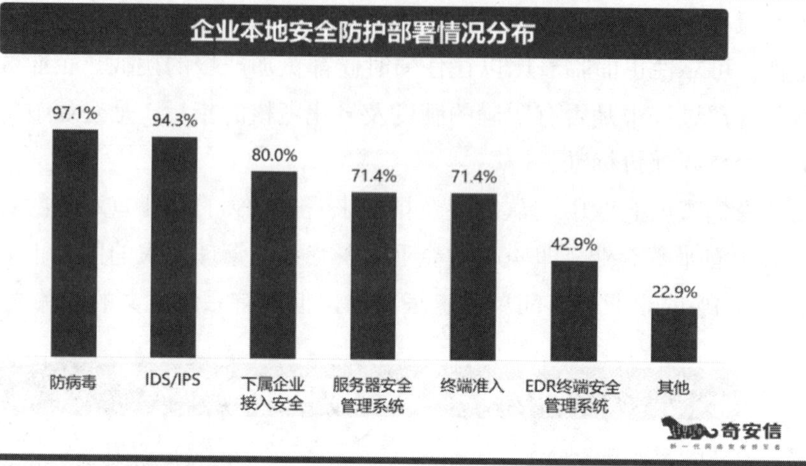

图5

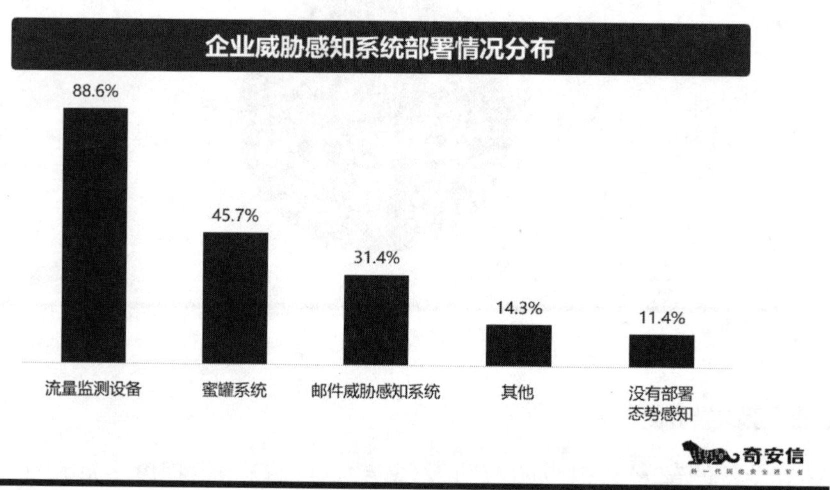

图6

数字化转型势必会使政企机构的IT系统呈现多系统并行、系统类型多样的状态，各种安全措施也会越来越多。因此，面向实战化的全局态势感知体系作为网络安全防护体系的“中枢”，可全天候、全方位感知网络安全态势，增强网络安全防御能力和威慑能力。

从云安全服务的部署来看（见图7），近7成的企业会部署虚拟化安全防护，62.9%的企业会部署Web应用安全云防护，37.1%的企业会部署云主机防护。

另外，还有超过90%的企业部署了防火墙与堡垒机，82.9%的企业部署了WAF（未在图7中显示）。

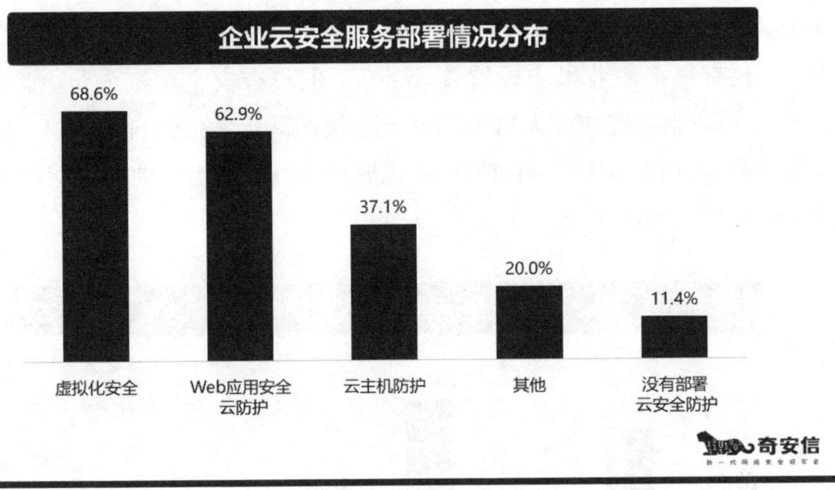

图 7

（五）人才和能力

网络攻防是一场人与人的对抗。隐藏在各种网络攻击行为后面的从来都是人——他们凭借自身具备的网络攻击能力、渗透能力，利用各种攻击工具、创新方法，对目标网络进行渗透和攻击。如果仅指望安全设备和产品实现对信息系统和数据资产的保护，是不现实的。只有将具备网络安全能力的人员或团队与先进的产品和技术、完善的制度流程相互配合，才能达到最佳的防护效果。

从实战攻防演习参与的程度来看（见图 8），超过半数的企业多次参加实战攻防演习，也有 20%的企业由于各种原因还没有参加过实战攻防演习。

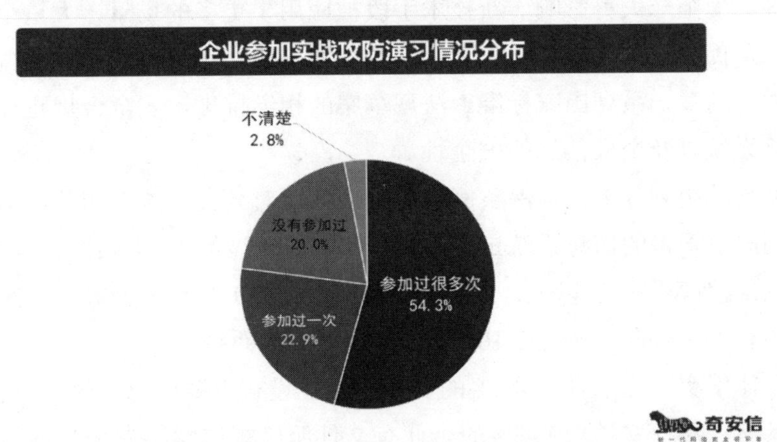

图 8

从企业部门与人员设置来看，82.9%的企业有明确的网信领导小组或网络安全管理部门，也有很多企业虽未设置管理部门，但设有安全运维人员。调研显示（见图 9），5.7%的企业拥有 500 人以上的安全运维团队（含企业自营人员、信息化厂商及安全服务商等外包人员），11.4%的企业拥有 201～500 人的安全运维团队，但也有 6 成企业的安全运维人员均不足 50 人。

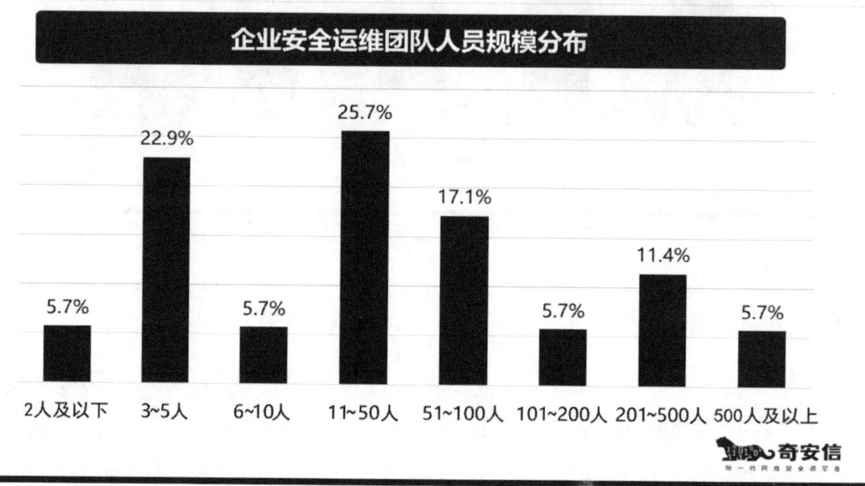

图 9

（六）合规建设

根据Canalys机构的最新报告显示，在 2020 年数据泄露的记录比过去 15 年的总和还要多。受全球大势影响，新技术手段被应用于更多的场景，大量个人信息被收集利用，从而导致个人隐私数据泄露事件频繁曝光，个人隐私泄露风险与日俱增。与此同时，随着一系列国家标准、法规草案的相继推出，安全合规正在大幅提升政企数字化系统以及个人信息的安全性。

在网络等级划分上，等保条例将遭受破坏后对公民、法人和其他组织合法权益产生特别严重损害的信息系统定为等保三级。调研显示（见图 10），34.3%的企业有 2～5 个系统为等保三级以上；20%的企业有 11～50 个系统为等保三级以上；与此同时，还有 11.4%的企业拥有 100 个以上等保三级系统。

从具体落实情况来看，74.3%的受调研企业设有重要信息系统安全管理的清单、定级、备案、测评文档，94.3%的企业有文件明确规定网络安全管理员（或网络安全员）的工作职责。

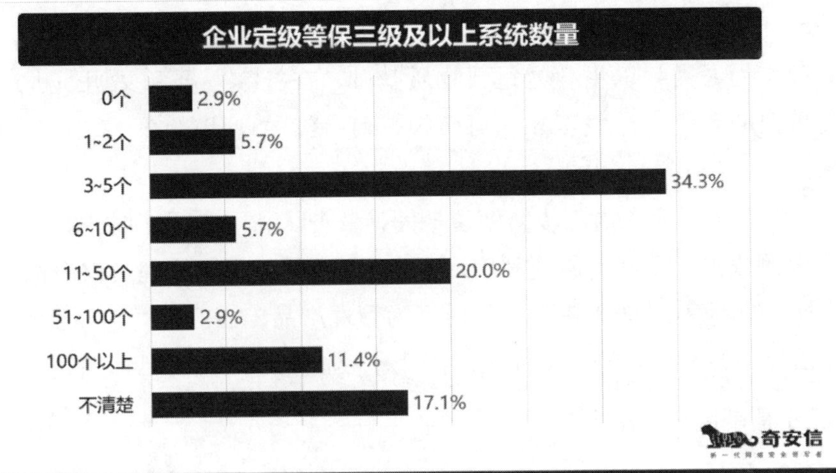

图 10

四、数字经济发展典型案例

（一）智能交通

重大交通工程是国家战略性、先导性、关键性重大基础设施，是国民经济大动脉、重大民生工程和综合交通运输体系骨干。近年来，新一代信息技术的快速发展为智能交通提供了强大支撑。目前，国内智能交通行业逐渐从起步期走向快速发展阶段。

2020 年 2 月，某运输公司发现流量监控设备发出服务器失陷的危急告警，于是向安服团队发起应急请求。

应急人员分析流量监控设备后发现，该公司内网中有 20 余台服务器出现失陷告警，其中两台重要服务器被植入后门。此外，还在多台服务器上发现FRP（快速反向代理）、CobaltStrike上线脚本、漏洞利用工具的使用痕迹。经分析后发现，攻击者使用FRP对内网服务器进行过SQL注入漏洞攻击。

通过进一步的人工排查发现，该公司内部员工曾将个人VPN账号信息上传到GitHub中，导致数据泄露。攻击者利用该员工账号登录VPN对该公司某重要服务器发起攻击，并利用Redis未授权访问漏洞获得权限，上传FRP代理工具、MS17-010等漏洞利用工具，进行内网横向渗透，成功入侵内网 20 余台服务器。

（二）智能能源

能源作为人类赖以生存的重要物质基础，在社会发展和文明演进过程中始终扮演着重要的角色。寻找可靠、可负担、可持续的现代能源一直是人类发展的重要目标。

某大型能源企业在内部攻防演习期间，攻击队利用集团下属便利店官方网站的Struts 2漏洞攻击入侵其下属便利店，并以此作为跳板利用管理员权限试图进入集团总部内网。幸好集团总部装有服务器行为管理产品RASP插件，该插件及时发现了本次攻击行为并发出告警，从而及时阻止了攻击队进入集团目标系统。

（三）智能制造

近几年，全球技术创新活跃，以数字化、智能化为核心的新一轮工业革命席卷全球。智能化是制造业的发展方向，随着智能制造时代的到来，一场针对制造业数字化、自动化和智能化的战争开始打响。

在2020年某省组织的一次攻防演练中，某大型烟草公司下设的分公司A被攻击队找到突破口并攻进系统，然后获取并利用相关权限又成功找到另一地级市分公司B的漏洞，进而成功进入企业数据中心，拿下目标系统。

B公司虽然已经使用了某安全公司提供的产品，而且也在遭到攻击时发出了告警，但由于企业自身安全能力不够，没有专业的运维人员，也没有实用的防御产品，更没有提前制定应急流程，因此只能眼睁睁地看着系统遭受攻击。攻防演习结束后，该企业立即寻找专业的安全公司购买产品，搭建安全环境，并招聘安全运维人员。

（四）智慧医疗

我国幅员辽阔，各地区经济发展水平存在差异，医疗卫生信息化建设程度不均是我国医疗卫生行业信息化发展的基本现状。我国医疗服务的发展目前正处在从“信息化”向“智慧化”过渡的关键阶段，智慧医疗在提高医疗质量和效率、优化区域间医疗资源配置、改善人民群众看病就医感受等方面具有积极意义。而医疗健康信息互联互通，医疗机构间信息的交换、整合与共享则是实现智慧医疗的必要条件。

在现代医院信息化建设中，移动办公作为常见的场景（例如，移动查房、移动护理）面临的安全问题也不容小觑。2020年，在某次攻防演习过程中，虽然某医院有成体系的信息系统，但由于基础安全建设不到位，特别是移动设备管理不到位，且存在严重的弱口令问题，导致攻击队轻松地通过某个私连WiFi热点的内部专用设备打入医院内部，并且获取到数据中心管理员最高权限。

（五）智慧政务

近年来，我国不遗余力地推进数字政府的部署，并在数字政府的制度、技术与模式上努力创新探索，以期实现更高程度的智慧政务。

智慧政务的全面推行会将海量数据居中起来，这虽然可以极大地方便人民群众，但也会令国家安全、政府工作、公民隐私等面临更加严峻的信息安全挑战。2020年，在某次攻防演习中，某省级政务服务平台被攻击者获取数据库权限并攻破内网获得多个重要的数据。经演习后溯源，发现攻击者是通过该平台子域名下的反序列化漏洞进入内网主机，然后利用弱口令提权，拿到内网GitHub代码仓库内的运维账号和密码，从而掌握了数据库权限及内网多台重要数据库。

02

第2章 安全运营

XDR推动SOC现代化

（安未然　虎符智库特约研究员）

安全团队当前面临快速检测和响应安全威胁等基础性的挑战。XDR被视为有助于与在攻击链中检测、识别和了解复杂威胁的潜在手段。

近期，全球知名信息技术分析和咨询机构ESG的报告显示，企业和组织机构正在努力提升终端检测与响应（Endpoint Detection and Response，EDR）平台、网络检测与响应（Network Detection and Response，NDR）平台以及其他安全分析方案的能力，以支持更加全面的威胁检测和响应。扩展检测与响应（eXtended Detection and Response，XDR）平台恰逢其时。但是，部署XDR从何入手，又需要同时配置哪些安全能力呢？我们来看一下。

一、威胁检测和响应的重点

ESG报告显示，提升高级威胁检测能力成为威胁检测和响应的首要任务。34%的受访者认为威胁检测和响应需要重点提升高级威胁检测能力，33%的受访者认为应当重点提升自动化修复能力，29%的受访者认为应当降低威胁的平均响应时间（见图 1）。

概括来说，安全运营中心（SOC）团队需要提升威胁检测和响应的效率，尤其是在面对随着时间推移能够在网络中横向移动的未知威胁时。

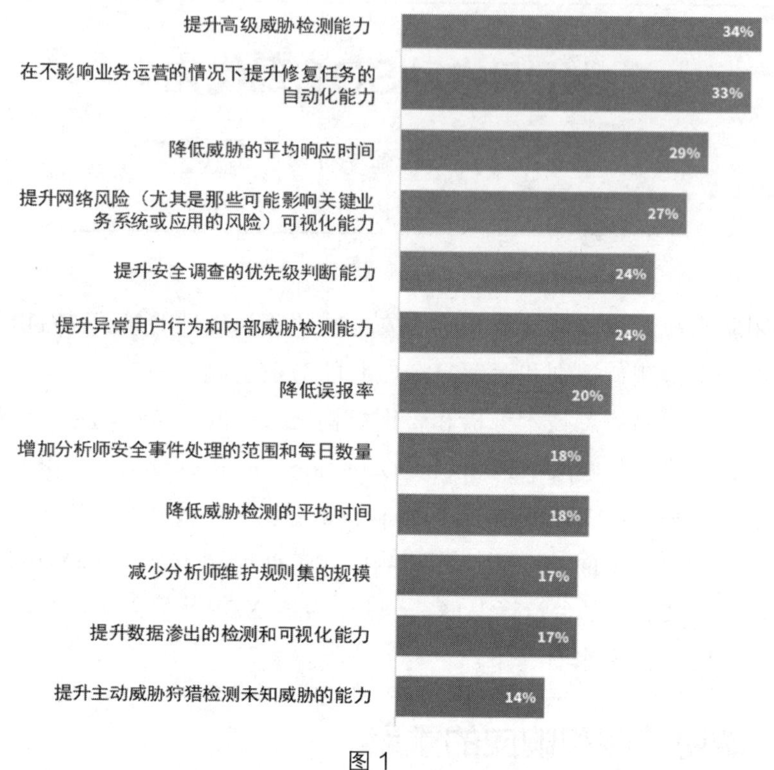

图 1

二、威胁检测和响应的挑战

（一）安全运营工具购买、维护和运营成本高昂，且无法有效识别未知威胁

SIEM已经成为流行且有效的安全运营技术，但它面临诸多问题和挑战。34%的受访者认为SIEM软件价格高昂。32%的受访者认为维护和运营SIEM基础设施代价高昂，需要占用大量的资源和时间。30%的受访者认为，虽然有经验的专家分析师可以从SIEM中获益，但初级分析师仍在SIEM学习曲线中苦苦挣扎。需要特别注意的是，还有 30%的受访者认为，虽然SIEM可以有效地检测已知威胁，但是无法有效识别未知威胁（见图 2）。

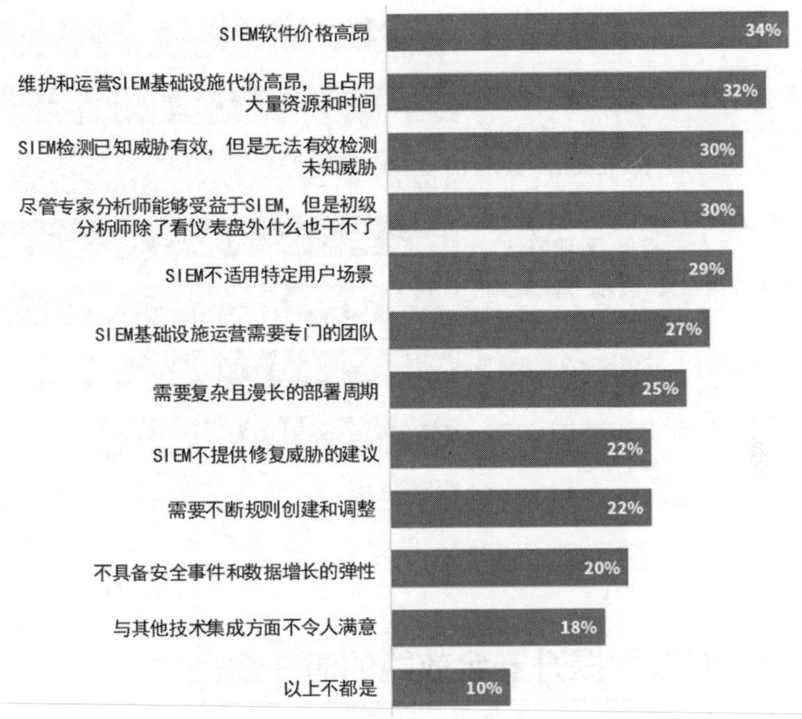

图 2

总体来说，图 2 代表了当下企业和组织机构安全运营的状态。各种安全运营工具复杂难用、成本高昂，且检测复杂未知威胁（能够在跨网络和云工作负载中横向移动的高级威胁）的效率低下。首席信息安全官（CISO）正在努力寻求提高安全效率的解决方案，同时降低安全运营的成本和复杂性。

（二）安全运营最大的技术挑战是数据摄入

安全分析和运营严重依赖于收集、处理、分析和响应不断增长的安全数据。日志数据类型不仅包括防火墙日志、EDR数据、网络流量、威胁情报、电子邮件、Web代理日志，而且还包括许多其他遥测数据。企业和组织机构在安全数据管理方面面临诸多问题和挑战，如图 3 所示。

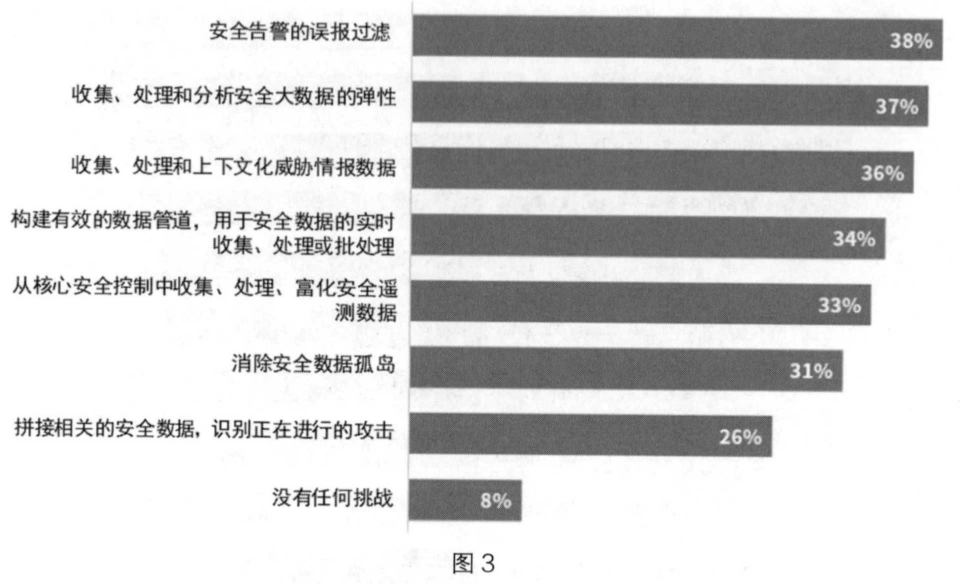

图 3

三、XDR成为提升安全效能的潜在途径

企业和组织机构将XDR视为帮助它们理解、识别和检测复杂的跨杀伤链攻击的潜在途径。大多数企业和组织机构期望新的解决方案可以简化复杂攻击链的可视化，并提供能够关联多种来源信号的高级分析能力。图 4 所示的XDR能力对企业和组织结构来说还是相当受欢迎的。如果XDR解决方案能够阻止攻击并跨终端、网络、服务器以及云的工作负载更新规则集，则会特别实用有效。

尽管XDR技术有助于企业和组织机构克服现有安全控制与管理工具在进行威胁检测和响应时的问题，但是它们对XDR的概念和定义认知有很大的差异（见图 5）。36%的受访者认为XDR是一个整合的安全数据管道，用于收集、处理和分析多个控件和数据源。其他受访者认为XDR是现有的安全控制和运营技术的补充与增强，或者是集成安全数据管理、分析和自动化响应的技术栈，或者是终端检测与响应（EDR）技术的演化。

实际上，XDR的概念和定义远不止上面这些。既然用户容易对XDR的概念和定义产生困惑，因此XDR供应商有必要采取适当的资源在整个市场进行教育宣传，并与安全团队合作，阐明XDR是什么以及它能提的供值。

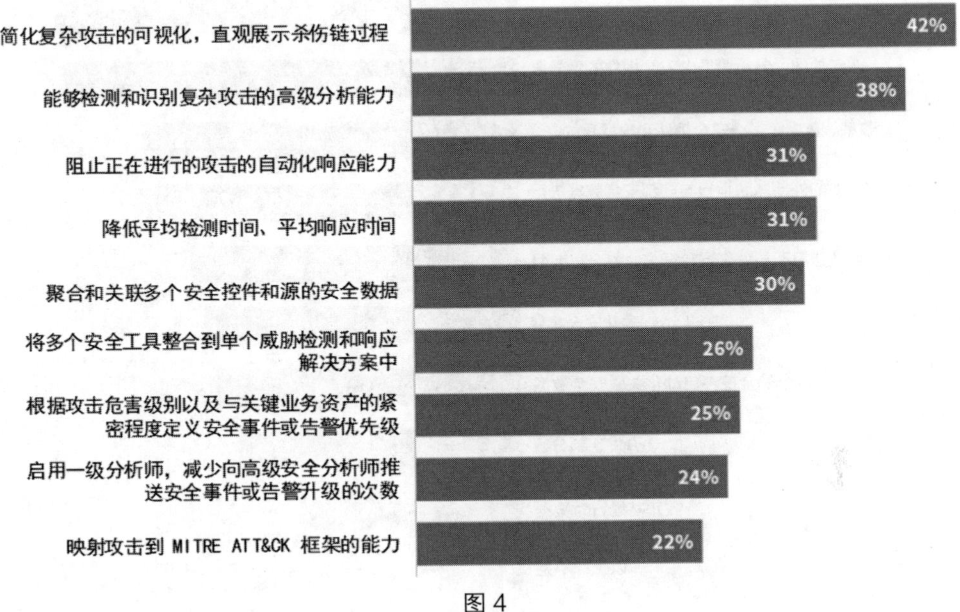

图 4

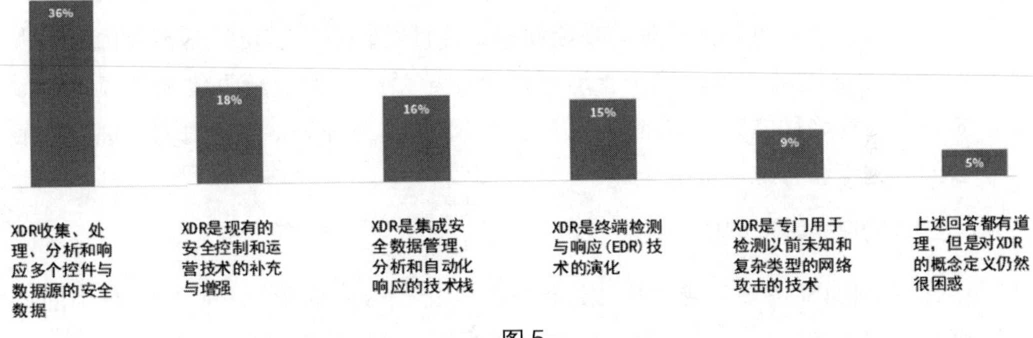

图 5

（一）XDR需要处理数据摄入问题

鉴于数据摄入是安全运营最大的技术挑战，XDR需要重视安全数据管理能力建设。安全数据管理存在大量的工程工作，需要综合考虑各个方面，进而确定相应的优先级。为了克服安全数据管理挑战和潜在的数据瓶颈（见图 6），各个企业和组织机构正在构建/改进用于追踪实时数据源的安全数据管道（40%），通过处理、分析跨多个安全控件的信号以检测复杂的攻击（39%），并收集、集中化多个安全控件和数据源的安全数据（32%）。

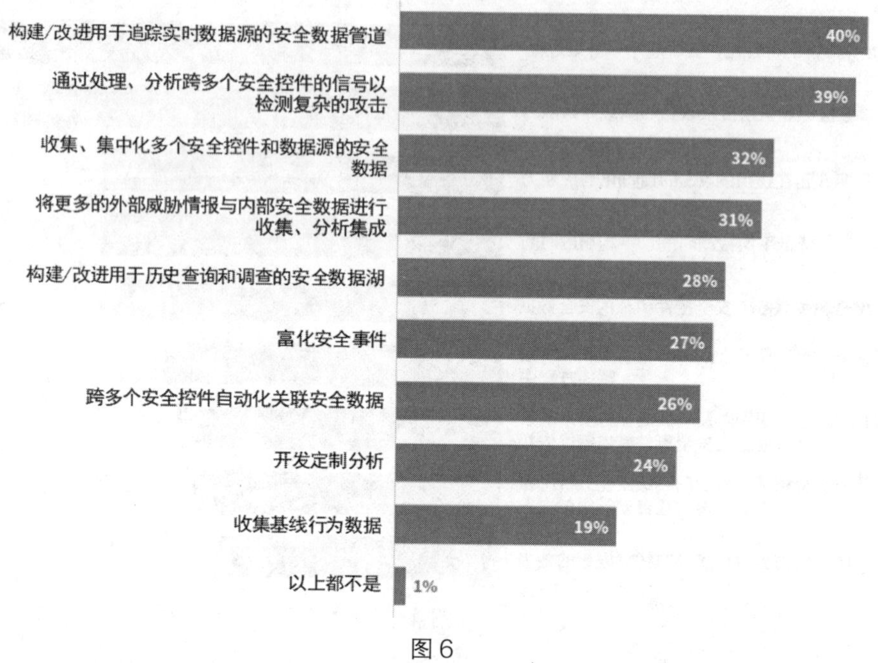

图 6

为了适应安全数据的大规模、高速性和多样性等特点，XDR技术需要由一个现代化的数据管道提供支撑，这个管道可以跨业务系统大规模地收集和处理安全数据。如果不具备这种能力，XDR解决方案则需要构建在开源、商业日志管理系统或基于云的数据库和存储产品之上。

（二）XDR需要扩展SIEM能力

尽管SIEM面临诸多问题和挑战，但它仍然是当今威胁检测和响应工具中的 3 个最有价值的工具之一。SIEM最有价值的特性包括能够检测特殊类型安全事件（例如，勒索软件、钓鱼、漏洞利用、数据泄露）的高级检测能力，能够适用威胁检测和响应不同场景（例如，恶意软件检测、威胁狩猎、调查、培训分析师）的安全运营能力，以及综合UEBA、SOAR、威胁情报分析等安全功能的集成能力（见图 7）。尽管EDR、NDR和威胁情报平台对于安全运营也很有效，但SIEM的主要特色在于作为主要的安全机制，能够有效整合、存储、关联和报告安全数据。

XDR需要扩展SIEM中这些有价值的能力。超过一半的受访者认为XDR可以在增强现有安全分析能力、与SOAR集成以实现安全运营流程自动化、与DevOps集成以将安全植入CI/CD流水线方面发挥作用。这样一来，XDR不仅可以改进威胁检测和响应，还可以帮助实现安全运营流程的现代化、集成化和自动化，XDR也就成了

SOC现代化的催化剂（见图 8）。

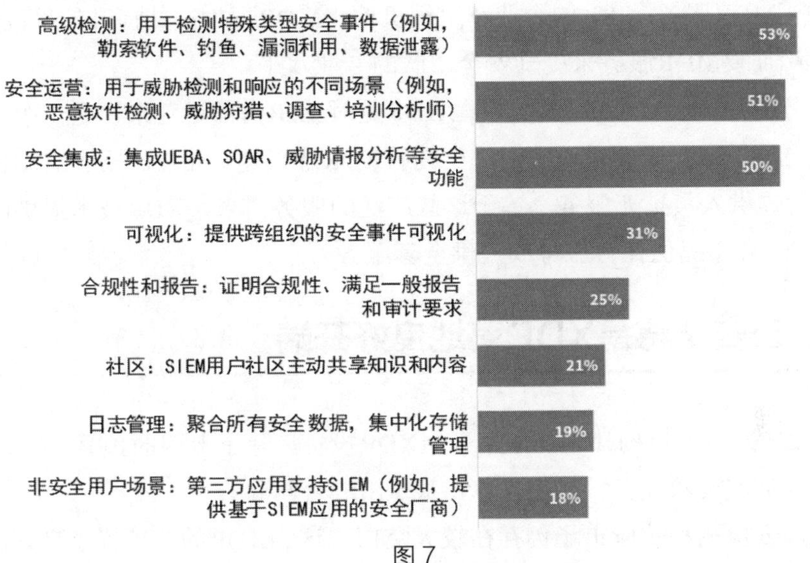

图 7

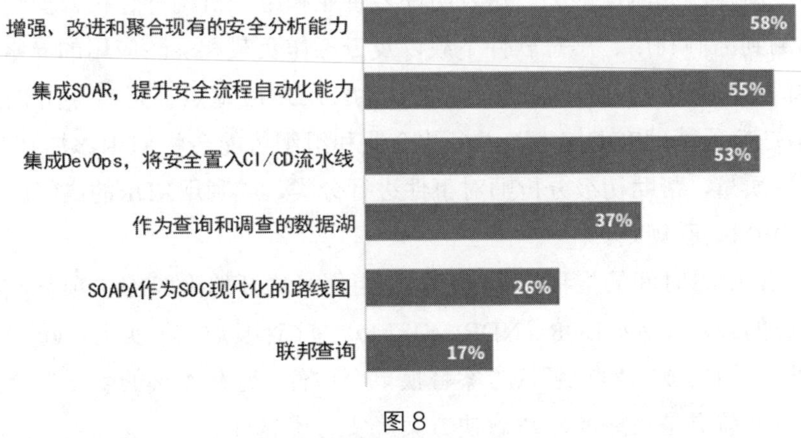

图 8

（三）XDR需要配套MDR服务

托管检测和响应（Managed Detection and Response，MDR）服务正在成为大多数现代安全体系的主要部分。大多数企业和组织机构正在使用MDR提供商的服务，或者正在参与采用MDR提供商的项目。至于背后的驱动因素，ESG报告显示：超过一半的企业和组织机构认为MDR提供商在威胁检测和响应方面比它们自己单独做要更好；43%的企业和组织机构认为将MDR服务添加到现有的MSSP（安全托管服务提供商）合同中是一个很好的业务和技术决策；42%的企业和组织机构通过终端提供商购买MDR服务；38%的企业和组织机构将MDR视为技能提升的手段；35%的企业和组织需要MDR服务来提升安全团队的专业水平。

安全分析师需要实际的帮助，托管XDR是对XDR内部运营来说是一个很有吸引力的替代方案。有一半的受访者对完全托管XDR感兴趣。此外，托管XDR也可以为7×24 运营提供人员扩充服务。鉴于这些广泛的服务需求，XDR技术提供商必须与企业级MSSP合作提供托管服务或提供全套服务。

四、云安全将是XDR落地良好开端

超过 2/3 的组织机构计划在未来开展XDR投资。除了专门的预算，XDR的资金也可能来自SOC技术预算、EDR预算，甚至SIEM预算。

当前，云检测和响应市场仍存在较大空白，这为XDR的落地提了良好的开端。在考虑从何处着手实施XDR时，42%的受访者认为，XDR应当重点为云工作负载和SaaS提供威胁检测和响应能力。这表明许多企业和组织机构都存在云安全盲点，可能很难检测到漏洞利用、恶意软件下载以及云工作负载和SaaS应用的异常行为。

同样值得注意的是，有 1/3 的受访者认为，XDR应重点补充或替代SIEM。这是因为SIEM是一项基础SOC技术，大多数企业和组织可能会将XDR添加到SIEM中用来提高告警质量，帮助初级分析师对事件进行分类，或利用XDR的高级威胁检测技术来补充SIEM关联规则。

实际上，随着时间的推移，一旦企业和组织机构开始上线XDR项目，XDR就可以取代现有的技术（例如EDR、NDR、SIEM）并飞速发展。事实上，近一半（48%）的受访者愿意用集成的XDR解决方案替换单个控件；另有 47%的受访者会考虑替换单个控件，但前提是集成的XDR解决方案确实有优越性。

有数据表明，企业和组织机构需要紧密集成的SOC解决方案，但更换工具并非易事。CISO必须评估其现有的安全组合，找出技术和流程的弱点，然后创建XDR项目，从解决其中最大的挑战开始。工具更换必须以详细规划、SOC最佳实践和XDR参考架构为指导。

未来，随着大多数企业和组织机构增加对威胁检测与响应技术的投资，安全团队将经历剧烈的痛苦，而能够清晰阐述XDR愿景和战略的提供商将在未来蓬勃发展。

安全托管服务：本土特色与“六化”未来

（万京平　奇安信集团安全运营中心总经理）

安全托管服务（Managed Security Service，MSS）是近几年网络安全行业备受关注的领域。根据Gartner统计，2019 年全球网络安全服务市场规模为 619.22 亿美元，MSS占比 18.73%。相应的市场规模达到 115.98 亿美元元。

安全托管服务又常称为托管安全服务，顾名思义，即将网络安全运营等技术类工作委托给第三方代为管理，以服务的形式帮助用户发现和解决各类安全问题。

相较于国外发达的安全托管服务市场，以及在国内非常成熟与清晰的安全咨询服务、安全集成服务、安全教育培训服务，安全托管服务在国内尚处在成长阶段，因此具有巨大的增长潜力与空间。据国际咨询机构IDC预测，2021-2025 年，中国的安全托管服务市场将保持 39%的复合增长率。

一、托管服务：形式与内容的多元

国际咨询机构IDC 将MSS定义为安全服务提供商（MSSP）通过安全运营中心（SOC）进行全天候监控和管理的 IT 安全服务，服务范围包括部署在本地、外部数据中心和云上的安全托管服务。

国际分析机构Frost & Sullivan将MSS划分为 3 类，分别为安全资产监控/管理、托管威胁检测与响应（MTDR）和其他新兴MSS服务。由此可见，托管服务的形式与内容是相对多元的。

在国内，由于我国自身实际情况的特点，相较于“远程服务”，国内更为青睐“驻场运维”模式。驻场托管也是IDC所定义的一种形式。目前，一些网络安全服务商均提供网络威胁检测、分析、响应、处置等多种能力，但主要为相应安全产品的增值性服务。

相较于国外安全产品及一揽子外包服务，国内市场普遍更倾向于本地驻场的安全运维模式，依靠本地的安全网络、安全管理平台等产品和驻场运维人员，实现对本地网络设备、网络安全设备流量和日志等的采集处理、深度分析与事件处置。在安全分析需要依靠云计算技术实施的情况下，则倾向于选择以私有云方式提供服务，以更好地保障安全。

二、国内政企网络安全问题的终结者

近年来，以总体国家安全观为指导，网络安全工作顶层设计与总体布局不断完善，网络安全“四梁八柱”基本确立。《中华人民共和国网络安全法》《中华人民共和国数据安全法》《中华人民共和国个人信息保护法》《关键信息基础设施安全保护条例》等网络安全法律法规相继出台，《网络安全审查办法》《云计算服务安全评估办法》《汽车数据安全管理若干规定（试行）》等部门规章和规范性文件也相继发布，网络安全总体工作的政策保障在快速成型。我国数字化进程在加速推进，广大人民群众对网络安全、数据安全、个人信息安全的关注度与日俱增。

在这个大背景下，网络安全工作的主体，以及广大政企单位在数字化转型发展过程中所面临的网络安全风险将会持续扩大，存在局部网络安全风险向系统性社会风险转化和蔓延的问题。另外，政企单位的网络安全保障体系和能力的建设是国家安全体系与能力建设的重要组成部分。

当前，政企单位面临的网络安全问题有以下三点。

- 网络安全基础薄弱，短时间内难以提升，安全建设尚不成体系。目前各单位的信息化水平差异较大，网络安全防护水平参差不齐。总体来说，受制于编制、资金、意识等条件的约束，网络安全水平普遍较低，缺乏良好的网络安全基础设施，并且难以在短期内全面实现网络安全基础设施的改造升级。
- 常态化网络安全感知和应急能力不足。网络安全的本质是对抗，政企单位在攻防两端的对抗中处于“能力不对等”的处境。以国家大型攻防演习活动为例，绝大多数企业单位在演习期间，通过加大网络安全运营人员与设备的投入，并采取特定的应对措施，在短时间内使其网络安全防御能力得到了全方位、大幅度的提升。但当攻防演习活动结束后，伴随着网络安全专家和临时租借的安全防护设施的离场，安全防护水平又由战时的“铜墙铁壁”回到了平时的“千疮百孔”的基础防护水平，安全感知能力和应急反应速度无法与“战时”相提并论，无法做到24小时全天候对安全事件进行全面准确的监测和发现，并及时开展应急处理措施。

- 国内大部分政企单位还没有建成健全的网络安全体系。虽然可以跳过自建网络安全系统直接进入安全托管的阶段，但是政企单位缺少可以参照的行为标准和规范性的技术指导。另外，网络安全托管模式在国内缺乏“信任”的土壤，大部分政企单位对网络安全托管业务的认知还存在局限。

可以说，安全托管服务是政企网络安全工作体系化的必经之路。安全托管服务需要更好地面对国内政企单位的特点，更有针对性地丰富服务门类与细节。

三、安全托管服务的两种模式与三种形态

（一）通过托管解决安全的最核心需求

在众多的用户需求中，安全保障的基本需求是用户最根本的利益所在。奇安信对此做了很多探索，比如全新的“云地结合”服务模式，从“纯云监测”1.0 时代升级为“云地结合”2.0 模式，通过云端监测响应、地端处置闭环为客户提供综合性服务；更好地通过 7×24 的实时监测，实现常态化的安全保障；更为及时有效地处置APT事件、网络攻击事件、恶意软件事件及其他潜在安全风险；为防止疫情对安全服务造成影响，通过视频一对一的方式与客户“面对面”沟通，提供专家深度解读、安全事件重点讲解，指导客户安全事件闭环处理。

（二）两种模式与三种形态

奇安信安全托管服务不断围绕政企客户的需求进行改进，已形成“两种模式、三种形态、两化融合”的具有中国特色的安全托管服务模式。其中，两种模式为直接服务模式与合作伙伴模式。直接服务通过奇安信“MSS+”的模式，联合奇安信NGSOC、天眼、天擎等产品，形成“组合拳”，构筑整体的安全托管服务；合作伙伴模式是奇安信通过整体的技术体系、产品体系、服务体系的整合托管模式输出，形成企业安全运营中心、行业安全运营中心以及城市运营中心，输出能力、集约化服务。而在各类运营中心中，针对主管部门和总部机构的监管需求，形成“集中服务化”，并进行统一监测、预警与通报。针对各所属机构存在的服务需求，可运用共享服务的理念，利用运营中心将各单位的需求进行“服务集中化”并予以提供，从而具备了服务标准统一、服务质量可控、资源高效利用等优势。

（三）未来安全托管服务迎来六化

通过寻求专业的、可信任的合作伙伴推行网络安全托管模式，可以帮助政企单位以更小的资源投入来提升企业网络安全能力，为平稳推进数字化升级转型保驾护航。另外，在业务、资金、人力等条件受限的情况下，安全托管模式还可以快速拉齐政企事业单位的网络安全防护能力，实现各单位的联防联控和信息共享。

网络安全托管服务由网络安全专业化服务机构统一提供，集中开展安全事件分析和事件管理、入侵检测、入侵防御、漏洞和合规性管理等工作，并通过持续监控企事业单位的网络、系统与数据，帮助企事业单位在合规的要求下，保护组织自身的信息与数据资产。

网络安全托管服务既给政企单位提供了高质量的服务，又节约了信息安全保障成本。网络安全托管服务商提供的信息安全解决方案与产品，以及辅助的安全平台工具和人员也更体系化，更能提供及时可靠的信息保障，提供 24 小时全天候的服务响应。此外，通过合理的操作流程、规范的安全策略、积极的应对方案，也确保了信息安全服务的及时性、可靠性。

近几年，随着网络安全行业的高速发展，数字化转型带来的实际安全需求推动了我国托管安全服务市场的快速发展。然而，我国大部分的托管安全服务还处于以合规为出发点的“设备托管+初级分析与检测+应急响应”的初级阶段。

未来，安全托管服务商应更加注重服务内容清单化、服务流程标准化、服务平台便捷化、服务过程透明化、服务体验智慧化和服务渠道多样化这 6 个方面，真正帮助用户降本增效，解决实际问题。

安全运营中告警全面性和告警过载的平衡实践

（黄巍　奇安信托管安全运营平台（TSOC）产品经理负责人）

一、告警过载已成为SOC有效性的最大挑战之一

一项全球调研显示，超过70%的安全运营团队成员认为他们的工作及家庭生活正在受到告警过载带来的严重影响。受访者表示，他们正在被大量的告警淹没，而且他们承认自己并没有足够的信息来确定告警优先级和及时做出响应动作。平均而言，受访者有超过1/4的时间都在处理误报。同时，这也揭示了当前的安全工具不足以帮助安全团队处理众多安全系统生成的告警的现实情况。许多受访者承认，他们在面对巨大的告警过载压力时，曾选择关闭告警（43%）、离开计算机（43%）、寄希望于团队其他成员介入（50%），甚至选择忽略（40%）。研究显示，告警过载引发的疲劳和焦虑，还侵犯了他们的家庭生活，在情感上造成了巨大的损失。70%的受访者声称他们在工作之外也感到巨大压力，以至于无法停歇或放松。

2020年和2021年，Ponemon Institute分别发布了两份题为《SOC经济学：出效果到底要花多少钱》的调研报告，调研对象主要为大型企业安全运营中心（SOC）的管理者。在多达682份的有效调研问卷中，有88%的受访者（2020年是84%）认为SOC的首要任务是“降低误报”，而安全厂商更加看重和强调的“告警监测”“威胁检测”能力，仅仅排在第五名和第八名。这样的调研结果与我们的固有认知存在较大差异，然而这就是事实，是众多安全运营团队的真实诉求。

二、是什么造成了告警过载

（一）安全设备和产品众多，造成海量数据输入并引发数据重复

随着国内大型企业和机构安全建设的逐渐成熟，采购和投入使用的安全设备与产品也越来越多，因此，SOC需要监管爆炸式增长的海量数据和各类资产信息。调

研报告显示，SOC监管最多的安全产品依次是防火墙、IPS/IDS、认证系统、威胁情报、邮件安全、云安全、EDR、漏扫设备、中间件、终端安全等产品。除了这10种典型的安全产品，SOC还经常需要监管诸如数据库审计、上网行为管理、堡垒机、4A认证、VPN认证、零信任认证等众多审计类产品的海量数据与告警。

然而，数据量的增长同时又引发了严重的数据重复现象。由于单一安全产品的能力越来越趋向于多样化、多功能化，这造成了部分安全产品的能力重合。例如NGFW、UTM、IPS、流量探针等网络安全设备可能会对同一份网络流量都检测出常见的网络攻击事件，其内容也大同小异。这类产品一旦重复部署，SOC分析师和运营人员的工作量将成倍增长。这是造成告警过载的首要原因，且呈现出日益加剧的趋势。

（二）安全运营工具未能对海量告警进行有效的降噪、去重、归类合并

安全运营平台类产品正迅速得到普及。作为安全运营的重要工具，它们产生的初衷就是帮助安全团队管理爆炸式增长的数据和各类信息，以实现一站式的告警监测和多源的日志管理。然而，多数平台并未有效解决因数据量过大和数据重复而引发的告警过载问题。究其原因，在于平台没有对各安全产品上报的告警数据进行有效的质量评估、过滤、去重和归类合并。也就是说，平台未能自动地对那些明显无效、质量差、价值低的数据进行筛选过滤，也未能有效地对重复或反复发生的告警进行自动化去重和归类合并。

（三）人是SOC运营成功的关键，而招人、育人、留人都很难

Ponemon Institute发表的调研结果表示，人（分析师）是SOC成功的关键，也是SOC支出的大头。分析师的雇佣成本很高，SOC需要的人多、人贵，而招人、育人、留人都很难。调查显示，平均需要3.5个月左右的时间才能招聘到一名分析师，而培训又要花费3.8个月。但是，分析师在一家企业的平均供职时间只有27.2个月（2年左右），人员的流动性很高。

从分析师的角度来讲，他们的工作也很辛苦。有70%的受访者承认，由于告警过载、信息太多、7×24待命等因素，他们很容易就精疲力竭，这在一定程度上促使了他们的离职。而前面提到的招聘困难又进一步导致SOC的失效。因此，平衡告警过载带来的压力，缓解运营人员的工作负担，已成为SOC亟须解决的问题。

三、如何应对告警过载

下面通过一个实践案例来分享解决告警过载问题的一些经验。

国内某大型新能源企业拥有5万台以上的终端和服务器，且拥有多家分公司、多个数据中心及海外办公区。该企业的安全基础建设相对成熟，拥有数百种网络安全设备和审计类产品，其安全运营中心（SOC）每天仅收到的网络威胁告警就数以十万计，安全团队的压力可想而知。

（一）理性选择需要监测的数据源

首先，安全团队应理性评估各类安全产品的能力覆盖范围和数据重合度。安全产品的数量并非越多越好，如不合理规划和分配各安全产品的职能，避免安全能力的重合，则会造成不必要的浪费。对于明显重复的数据，例如由防火墙、IPS、流量探针捕获的相同流量，我们认真做了数据质量评估并进行了过滤，只保留数据最全、质量最好、检出率最高的设备告警，然后将其作为首选的呈现来源和主要分析对象，而其他日志仅用于存储和辅助分析，不作为首要分析的对象。

（二）主动降噪无效告警

该企业拥有众多对外提供服务的网站和应用程序，因此难免会遭受来自互联网的众多探查和尝试攻击行为。尽管DMZ中已部署了Web应用防火墙（WAF），绝大多数的探查和攻击行为都已被阻拦掉，并且WAF已经上报了相关的告警事件，但攻击特征却在流量中被防火墙、IDS、流量探针等安全设备检测到并重复地发出告警。这部分重复的告警应当被主动过滤掉，不作为首要分析对象呈现，更不应该重复呈现。

针对这种情况，我们制定了数据过滤策略：通过告警中的“响应码”“上下行字节数”“攻击结果”“是否阻断”等关键字段进行过滤，将无效告警过滤掉，不将其呈现给分析师，而是仅做入库存储，以便用于必要时的溯源分析。这样一来，日告警总量从10万级别成功降至1万以内，减少了90%的无效告警。

（三）告警去重

告警重复现象还表现为因负载均衡、代理服务器、多级DNS服务器等设备将网络请求进行转发，导致转发前后的流量同时被捕捉到。这样一来，流量中的攻击事件被网络安全设备（IPS、流量探针、WAF）重复检测到，从而造成告警数量的翻倍。例如，在常见的恶意域名请求事件中，下级DNS服务器对上级DNS服务器的域名请求也同样产生了告警，且无法定位真实请求源。这类告警是典型的既重复又无效的告警。通过将告警与请求源IP属于客户的下级DNS服务器的告警进行关联，然后进行过滤，减少了约 50%的恶意域名请求的告警数量。

此外，还分析发现，该企业的Nginx代理服务器的转发前后的流量都被捕获到，且转发后的请求流量中存在告警重复且无法定位攻击源的问题，难以在第一时间对来自互联网的攻击进行定位和封禁。因此，我们也对其进行了过滤：凡是攻击源来自于Nginx服务器代理地址的告警，都不作为首要关注对象，而只关注请求转发前的攻击事件。

其实，这类告警优化策略建立在对企业资产信息的充分了解之上。我们必须掌握企业的一些关键资产信息，尤其是对于容易引起告警重复、误报的资产信息都要有清楚的认知，并通过运营工具将这些信息与告警进行自动关联过滤，才能降低分析师的工作负担。

（四）告警归类合并

通过实施上述的降噪和过滤策略，日告警数量已经显著下降到数千条，减少了约 94%的无效、重复告警。但是，对于人员有限的SOC分析师来讲，日告警数量还是不低。

继续分析告警类型不难发现，很多告警虽不重复，但却是反复发生，例如常见的弱口令事件、信息泄露事件、敏感目录访问事件、未授权访问事件等。这类事件并非攻击性质的事件，而是属于脆弱性事件（或称之为管理疏忽事件）。这类事件因涉及太多的主机、用户和服务，因此引发的告警数量非常多。应该对这类事件进行合理的归纳总结，而不是一一展示，才能避免造成告警的堆积，淹没掉其他更具分析价值的真实攻击事件。

通过积极地调整检测规则的“归并策略”，将该类告警在规定时间窗口内产生的所有告警合并为一个事件，并做好事件分类，从而避免了这类脆弱性事件与其他网络攻击事件混为一谈。客户只需周期性地查看该事件并督促事件中涉及的所有用户和主机责任人进行整改即可。

此外，还需对不同类型的事件进行分类和定级。例如，威胁情报事件的可信程度极高，应该首先被关注；内网攻击事件的关注度应该优先于外部攻击事件；重点资产的安全事件的关注度优先于用户终端的安全事件等。通过进行合理的分类和定级，分析师可确立优先级，并定向查看。

至此，我们通过主动降噪、告警去重、归纳合并等策略成功地将日告警数量从10万条降至800条左右。

安全运营平台作为大型企业一站式告警监测与多源日志的管理平台，在这些优化工作中扮演了重要的角色。我们一致认为，安全运营平台如果只是不经加工地存储日志和不经过滤地呈现告警，那么将与过去的平台没有差异。一款优秀的运营工具一定要更加智能地帮助安全团队去解决非核心业务，让安全分析师能够将更多精力和时间专注于告警分析和事件响应等核心业务上，而不要被告警过载问题所困扰。至少，在当下的技术体系和运营现状下，工具既然无法代替人，那么就一定要帮助到人。

尽管本文提到的这些技巧和经验还不足以解决安全运营中的全部问题，安全分析师的工作仍然繁重而劳累，但仍然希望本文能够一定程度上帮助到更多企业和更多的安全分析师。

基于SOAR的实战化安全运营实践分享与思考

（曾辉　奇安信SOAR产品行销经理）

一、现状与挑战

SOAR是一个将安全运营相关的团队、工具和流程通过编排与自动化技术整合在一起，有序处理多源数据，持续进行安全告警分诊与调查、案例处置、协同作战、事件响应，并最终实现高效、有效安全运行的智能协作系统。据Gartner预计，到 2022 年，在拥有 5 人以上安全团队的组织机构中，将有 30%会在安全运营中用到SOAR，而这一数字在 2019 年还不到 5%。

2020 年初，我们基于SOAR参与了实战化的安全运营。下面将分享 3 个真实的场景，让大家真实体验SOAR带来的价值和效果。

二、实践场景

（一）IP封禁场景

1. 场景简介

说起IP封禁，大多数人都不陌生：把待封禁的IP写入访问策略中，即可实现封禁。大部分客户采购SOAR的需求就来源于IP封禁场景。针对IP封禁场景，我们有大量的实践，图 1 所示为一个典型的IP封禁场景。

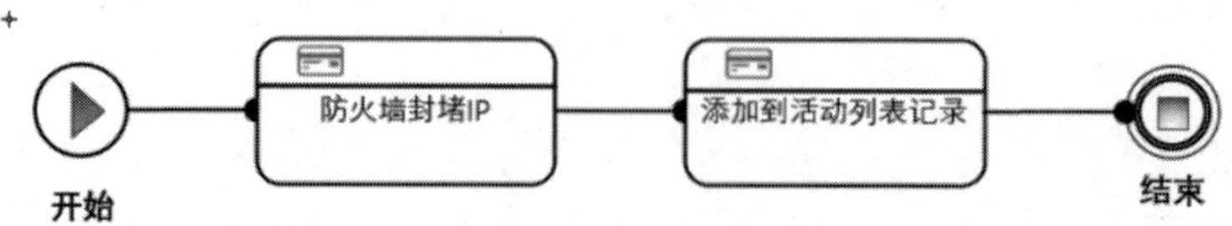

图 1

2. 痛点分析

但是，真实的IP封禁并不像我们想象的那么简单，还需要考虑如下因素（这些因素被称为自动化路上的“绊脚石”）。

- **分区域**：将网络进行区域划分是等保的基本要求，在下发策略时必须考虑针对的是哪个安全区域。
- **多设备**：同一区域/不同区域可能存在多台多品牌的边界防护设备。
- **IP过滤**：有些特殊的IP（如白名单IP、分支机构的IP、CDN的IP等）不能封禁，需过滤掉。
- **不重复**：已经封禁的IP不能重复封禁。
- **人工审批**：相关权责要求需经过人工审批。
- **封禁时间**：需根据事件发生的强度、发展趋势调整IP的封禁时间。
- **解禁**：附带的某些需求因各种原因而被自动封禁，但是在达到某些条件时需要自动解禁。
- **性能瓶颈**：防护设备对策略写入有性能要求，如写入策略的频率、地址池大小等。
- **封禁记录**：封禁记录要进行保存或即时发送，以便后期复核及总结。

封禁IP并不能被简单理解为向防火墙发送一条命令，还需要考虑很多因素。

3. 剧本流程

这里选取了一个典型的场景，没有覆盖全部因素。图 2 为整体的流程（不是整体剧本），其中场景由 3 个剧本组成（见图 2），具体如下。

- **剧本 1**：通过威胁情报平台确认IP信誉。如果是恶意IP，则进行封禁（实际上并没有直接与防火墙联动封禁，而是写入平台的待封禁缓存列表中）；如果是非恶意IP，则放行。
- **剧本 2**：与防火墙联动封禁IP，并记录IP当前的封禁状态、封禁次数、封禁周期（写入已封禁缓存列表）。
- **剧本 3**：周期性地读取已封禁缓存列表，封禁周期一到，马上解封（改写已封禁缓存列表中IP的封禁状态）。

（二）漏洞修复场景

1. 场景简介

某制造企业的网安部门会定期对内网资产进行漏洞扫描，一旦发现资产存在高危漏洞，就会在资产管理系统中查询资产信息，同时在工单系统中通知相应的资产责任人，进行漏洞修复。责任人在修复之后会在工单系统中进行反馈，然后网安部门会再次通过漏扫系统进行核实，并在核实之后关闭漏洞处理工单。

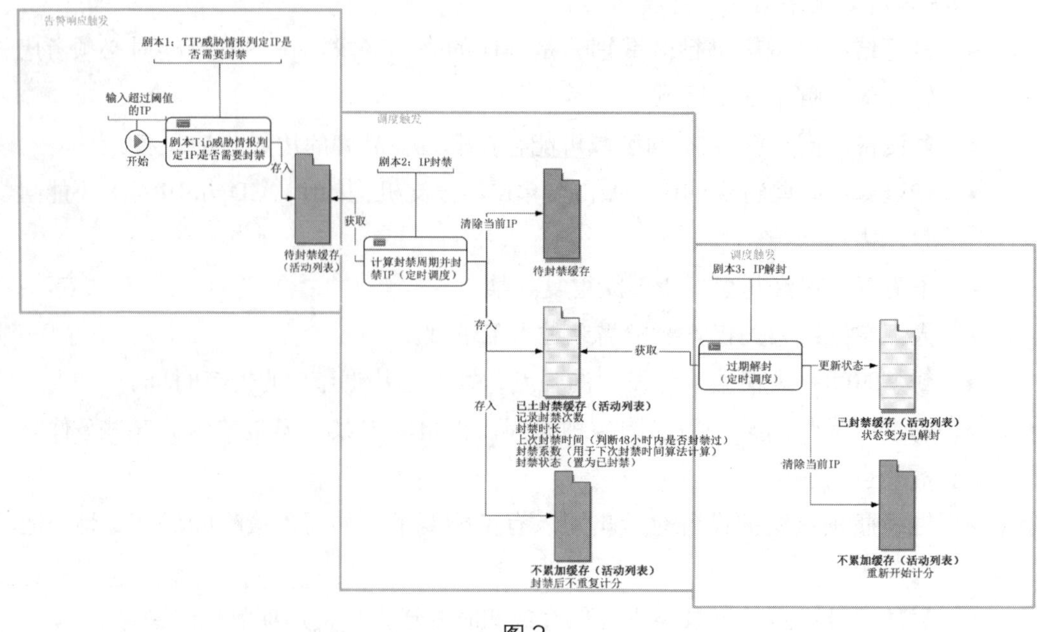

图2

2. 痛点分析

整个场景中有以下几个痛点。

- **工具碎片化**：处理过程中需要用到多个系统，包括资产管理系统、漏扫系统、工单系统，而且需要运行人员在多系统之间切换，进行数据处理。
- **流程过程繁杂**：场景中的流程繁杂，流程的串联基本靠人工来解决，导致流程不规范，处理经验无法有效传承和优化。
- **信息流转难**：流程中的漏洞信息、资产信息、进展信息分布在各个系统中，信息杂乱，同步不及时，导致处理重复甚至处理遗漏。
- **响应不及时**：工单产生之后无法实时通知到相关人员，工单处理不及时。

3. 剧本流程

借助SOAR驱动实际运营场景落地，解决流程梳理、责任划分、过程管理、及时响应等问题，并记录可查的问题；打通资产管理系统、漏洞扫描系统、工单系统的信息流，自动对资产进行漏洞扫描，并通过通信软件及时通知相关责任人，并在责任人修复后，自动对主机进行二次扫描核验，直到漏扫修复为止。

具体方式如下。

- **漏洞扫描前**：通过剧本自动获取资产信息并下发扫描策略（替代人工操作漏洞扫描系统）。
- **漏洞扫描后**：自动解析扫描结果，对扫描结果进行判断（替代人工判断扫描结果）；基于IP自动查询资产责任人并自动下发工单，同时在线通知相关人员进行处置。
- **漏洞处置中**：监听工单状态，设置催促周期，一旦过期就在线催促资产责任人；在收到工单系统中的漏洞修复信息后，自动对已修复资产进行二次扫描，核验处置结果（替代运营人员紧盯工单状态，以及替代人工核验处置结果）。
- **结果记录**：在最终确认资产为安全资产后自动记录资产状况，以有效避免重复操作。

通过将安全能力接口化、安全接口应用化，实现安全运营的编排化，以有效地提高效率，释放人力，并整合资源。

（三）钓鱼邮件场景

1. 场景简介

钓鱼邮件泛指以破坏或窃取信息为目的的电子邮件。这种电子邮件经常会携带木马附件或恶意链接，并在伪装之后发送给收件人，旨在欺骗收件人下载携带木马的附件，或诱导收件人点击恶意链接，以访问特制的虚假网页，从而盗取用户名和密码等信息。

在各类攻防演练活动中，由于钓鱼邮件的成本低、打击面广，因此基于钓鱼邮件的攻击方式呈上升态势。一旦在确定组织遭受钓鱼邮件攻击之后，我们需要知道如何快速地进行抑制并及时止损。

2. 关键点分析

在整个钓鱼邮件场景中，有以下几个关键点。

- **邮件信息提取**：需要提取邮件中的关键信息，比如发件人、邮件正文中的失陷指标（IoC），包括IP、域名、URL连接等，可能还包括附件。
- **信誉调查**：对邮件中的信息进行信誉调查，为此会调用多类安全能力，如沙箱、情报平台等。
- **事件抑制**：及时通知收件人，提醒不要点击邮件内容。迅速排查是否有其他受害者。为此，需要与内部其他边界类、检测类设备进行联动，迅速布防，如果发现事态严峻，则建立案例，对整个事件进行全面的排查。

3. 剧本流程

针对钓鱼邮件攻击，SOAR会对邮件信息进行鉴别、提取、信誉查询、根除等操作。为此，可以根据各阶段的不同特点，将响应处置流程调用不同应用的安全能力编排成剧本（playbook），实现安全流程的自动化响应。具体流程如下。

- **提取邮件调查信誉**：对邮件中的信息进行识别，针对收件人、IoC进行提取，获得IP、URL、文件等信息，然后分别进行信誉调查。
- **防护策略**：一旦核实其中任意一项信息属于钓鱼邮件的范畴，则在防护设备上生成告警策略并阻断IP。
- **添加到案例**：一旦核实其中任意一项信息属于钓鱼邮件的范畴，则迅速建立案例，并进行流程化的案例处置，以及时止损。
- **邮件通知收件人**：通知收件人，确保其知晓邮件性质，然后删除邮件。

三、困难与建议

经过近几年的努力，我们在国内进行了大量实践，并给客户带来了显著的价值。但是也遇到了很多困难，具体体现在剧本、App、产品定位、交付 4 个维度。针对这 4 个维度，也提供了一些相应的中肯建议。下面一起来看一下。

（一）剧本

1. 开箱即用

对于客户来说，肯定希望产品开箱即用，这个是完全可以理解的。但是，SOAR涉及很多不确定因素，而且App的打通、流程的落地、数据的多样性等问题都会影响到产品的开箱即用。

2. 剧本的范围

剧本的范围指的是一个剧本的完整度。客户肯定希望一个剧本中能全面体现从发现、处置、抑制到通知在内的所有流程，但这会导致剧本极其复杂，以至于无法梳理出流程，更别谈实现了。

3. 剧本性能

剧本本质上是低门槛的程序。在采用图形化的拖拽方式编辑剧本时，需要考虑性能问题。比如，EPS（每秒的事件）数为 1 万的告警自动调用了某个剧本，而该剧本会和防火墙联动封禁IP，这显然会导致防火墙频繁地写入策略，从而导致网络中断。

针对这样的情况，建议剧本不要求全，要对剧本中的流程进行解耦。一个剧本只要能解决运行流程中某个环节的自动化即可，而不要纠结于实现全程的自动化。有了这个认识后，才能实现产品的开箱即用。

所以，剧本的解耦可解决自动化运营流程中的问题，分段的剧本、异步的剧本可解决可用性问题、性能问题。一旦流程中某个环节无法自动化，我们也不要去纠结，只需拆解剧本，完成当前可以工作的自动化即可。一旦流程中的某个环节可能造成性能瓶颈，那就需要进行解耦，通过调度剧本、活动列表以异步的方式实现剧本。

（二）App

1. 生态开放

安全产品接口的生态开放是个老生常谈的话题。有了接口SOAR，就可以低成本地通过App与任何安全系统设备进行联动，这对SOAR的发展来说是绝对有利的。但是国内外的安全生态不同，接口开放没有技术难度，只是沟通难度，只能希望这个生态越来越好。

2. App开发

App是对安全设备接口的封装。由于生态原因，一般只能拿到接口文档，因此只能靠项目去收集和开发，但真实设备的联调可遇不可求。一旦一个场景中必须用到某个App，就导致整个场景无法落地。

针对以上困难，我们只聚焦于场景，避免让App阻碍流程的正常推进（毕竟这只是一个沟通问题）。在确定场景后，可以选择是开发App还是使用其他的替代方式。如果确定开发App，则可以考虑将接口的开发门槛降至最低。现阶段，我们则把App的开发工作完全消化在内部，不暴露给客户。目前来看这种选择是最好的。

（三）定位

1. 被自动化迷惑

曾经有人提过，用户侧最大的问题就是没有专门的安全运营人员，而SOAR能够完美解决这一问题。但是，自动化的前提是对自身的运营投入了大量人力和物力之后的结果，不是单纯地配置SOAR就可以一劳永逸。

2. 与SIEM的关系

SOAR在出现之初是为了增强SIEM。当然SOAR技术谁都可以使用，比如利用SOAR解决SIEM的数据采集分析问题，这是完全可行的。

3. 什么时候落地SOAR

我们把这个问题等同于安全运营的深度。深度安全运营的用户才会对SOAR有天然的需求，否则普通用户会很难理解为什么要自动化、流程化。

针对以上问题，我们与建设方深度沟通SOAR的定位，向对方阐明“SOAR是对SIEM的补充，而不是替代；要利用好各自技术的优势，而不要越俎代庖”。

（四）交付

1. 交付内容

基于之前SOC的经历，我其实很纠结SOAR应该交付什么？是交付基础产品，让客户去DIY，还是参照SOC的产品+驻场运营服务模式呢？目前来看，需要结合建设方的实际需求来确定交付内容。

2. 交付流程

确定了交付内容后，就要确定这些内容的交付流程。交付流程不只是数据分析，还需要与客户频繁地打交道，进行大量的调研与核验。

针对以上困难，我们规范了交付内容和交付流程。SOAR的价值在于能为客户提供多少个场景，或者说把多少工作变成了剧本。有鉴于此，我们对标准产品中应该包含什么场景进行了明确定义，包括App开发、数据核实、剧本调通。对于未知的场景，则需要投入人工把场景落地，为此定义出了场景从概念到落地的过程，包括场景沟通、场景调研、流程图、场景数据核验、剧本开发等。

知己知彼 严阵以待——大型机构服务器安全建设之路

（李栋　奇安信椒图事业部副总经理）

服务器安全建设是一个复杂的工程，不可能一蹴而就，需要综合考虑服务器自身的环境、应用、业务以及网络等因素，也需要对黑客攻击、病毒等安全威胁进行有效预判、监控和防护，并做到由繁入简，通过企业自身的情况有序进行安全建设。

作为国家重要行业的支柱企业，某大型机构拥有庞大而复杂的信息化业务体系，尽管先后部署了多套边界安全方案，但是服务器安全风险仍然长期存在：服务器资产不清晰、漏洞补丁更新不及时、系统与应用缺乏有效防御、攻击事件不能清晰定位等。服务器安全已成为亟待解决的重点、难点问题。

在重新梳理、规划、建设了安全管理系统后，该大型机构实现了对操作系统及应用的安全防护，能有效检测与抵御已知、未知恶意代码和黑客攻击，并融合资产管理、微隔离、攻击溯源、自动化运维、基线检查等强大功能，构建了服务器端的自动化防护体系。

一、服务器安全痛点明晰

服务器的众多资产无法进行有效收集与管控，资产里面的漏洞、配置风险不可知，服务器的口令风险、基线风险不可知，攻击者对服务器发起的攻击不能进行精准溯源分，不能对操作系统进行有效加固。这些都属于服务器安全的痛点，具体表现在如下方面。

- **服务器资产不清晰**：由于服务器数量很多，服务器上的应用数量变幻莫测，依靠人工台账统计资产的方式已经不能满足众多的业务需求。
- **风险隐患无法感知**：由于缺乏必要的技术管控措施，该大型机构部分服务器存在的弱口令风险、漏洞风险、基线风险、病毒风险等不能得到有效控制，导致黑客攻击的成本很低，而被攻击方却不知黑客是否攻击成功。
- **内网服务器之间的访问无法得到有效控制**：由于服务器之间的访问关系错

综复杂，而边界设备只能管控纵向的流量，针对服务器互相的访问情况一无所知，因此在黑客成功攻陷内网中的任意一台服务器后，就可以轻易地对同网段内的其他服务器进行横向渗透。

- **操作系统无法进行加固**：对老旧的操作系统和应用的漏洞，很多厂商早已不提供补丁更新，但是黑客可以利用这些漏洞进行恶意攻击。
- **事件溯源无法精准定位**：对黑客攻击是否成功以及黑客攻击的手法、操作和路径一无所知，无法进行有效溯源。

二、对症下药，攻克安全难关

在了解完痛点后，解决方案随之而出：保护应用系统的稳定运行，防止恶意攻击、页面篡改和数据泄密；对操作系统的文件、进程、注册表、服务进行保护，还可以对业务系统进行保护，保证系统业务的连续性；通过资产发现与匹配，帮助该大型机构快速发现自身系统存在的漏洞风险，以杜绝被攻击渗透。

- **服务器资产动态掌握**：奇安信的网神云锁服务器安全管理系统可帮助该大型机构自动清点服务器资产状况，快速了解业务系统情况，实时动态掌握服务器资产中存在的各类风险以及暴露的问题，以便该大型机构快速检索特定的资产详情或相关风险。
- **领先的未知威胁响应能力**：通过RASP（运行时应用程序自我保护）技术对应用系统的流量、上下文、行为进行持续监控，识别并防御已知、未知威胁，有效防御SQL注入、命令执行、文件上传、任意文件读写、反序列化、Struts 2 等基于传统签名方式无法有效防护的应用漏洞。
- **立体化防护**：以持续监控和行为识别为核心，对管理中心平台回传的行为数据进行智能分析，完成对应用攻击的预测、防御、监控和回溯，实现立体化纵深防御体系。
- **部署方式以及兼容性高**：奇安信的网神云锁服务器安全管理系统结合客户网络现状，支持外网、内网及混合网络的产品交付。同时，采用业务优先原则，以轻量级代理的方式将产品部署到服务器中，因此占用的系统资源少。此外，还支持支持Windows Server 2003 及以上的Windows服务器操作系统，支持CentOS、Ubuntu、RedHat、中标麒麟、红旗Linux等 280 个以上的Linux版本。

三、纵深防御、主动防御，打造能源行业信息安全典范

基于三化六防中的“纵深防御、主动防御”指导思想，该企业搭建了统一的服务器安全防护体系（见图 1），实现了从事前资产清点、事中监控和防御的纵深监控防御体系，到事后的精准溯源。而且相应的功能可通过方便快捷的一体化平台进行管理，并通过批量+模板+单台的模式来下发策略，因此很大程度提高了安全运营的效率。

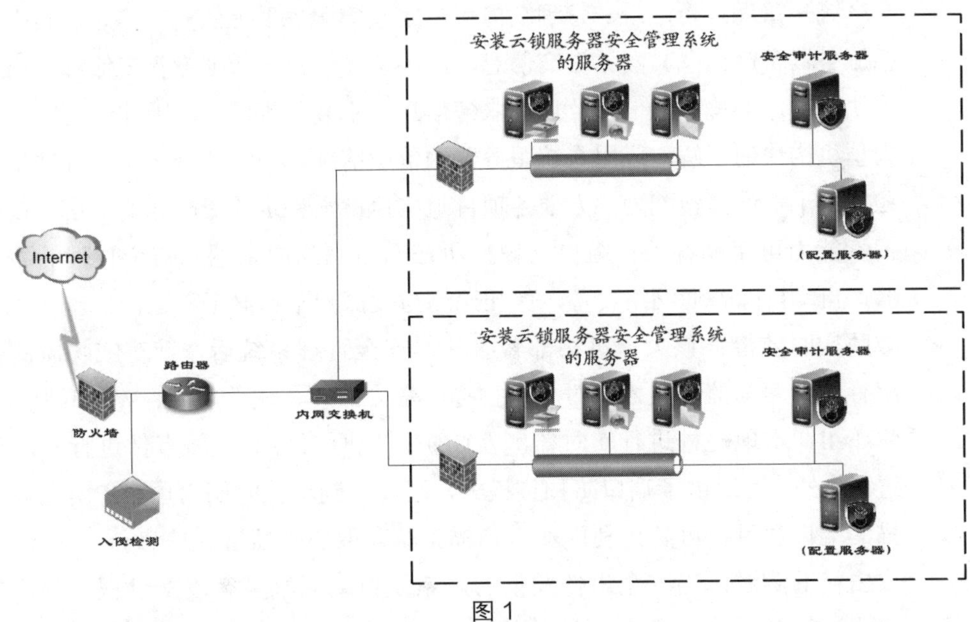

图 1

- **技术层面：**通过各自集中安装、部署代理（agent），对部分关键应用系统的服务器进行集中管控，并通过子账户等权限分配，使各个安全系统管理员可以实时掌握该服务器的资产变动信息，以及资产是否存在安全隐患等信息。通过动态实时监控管理端服务器的安全事件信息，大幅提高安全运营效率，并实时发现服务器可能发生的威胁事件。通过使用代理端的操作系统加固等防护能力，也大大减少了服务器被入侵的风险。
- **管理层面：**该大型机构将奇安信的服务器安全产品与日志服务器进行联动，并利用统一平台进行管控。当有安全事件发生时，该日志服务器软件会第一时间发送邮件或者微信消息给业务部门进行整改，并且每个月会将整改情况通过邮件发送给主管领导。

四、知己知彼，百战不殆

我们为该大型机构提供的服务器监控与防护服务，能够更加精准和合理地统计、展现服务器的事前资产梳理以及风险发现，除了具备事中的RASP、EDR、操作系统加固和监控等能力，还可以实现事后内核级的事件溯源处理能力，从而实现了对服务器端安全管控的重要保障。

- **资产统一管理**：资产统一管理功能可自动收集服务器上的资产信息，其中包括服务器资产信息、网站资产信息、应用资产信息、数据库资产信息、内核模块信心、环境变量信息、启动服务信息、安装包等信息。因此，有助于该大型机构快速了解本应用系统服务器的资产情况。同时，资产统一管理功能还提供了资产搜索能力，方便各项目组快速检索特定的资产详情。这一资产搜索能力可帮助各项目组自动扫描所在网络空间内未纳入安全管理的服务器，自动排除普通网络设备，保证探测与被探测服务器正常运转。
- **威胁实时监控**：该大型机构部署服务器安全管理系统后，针对威胁监测采用行为学习与监控技术，对恶意扫描、暴力破解、软件后门、Webshell、反弹shell、本地提权进行实时监测及防护，同时对各类威胁事件进行及时处置。此外，还提供了端口防扫描模式，通过限制单位时间内单个IP所允许扫描的端口数目，可防止利用端口扫描工具获取服务器敏感信息。
- **攻击精准溯源**：当安全事件发生后，系统自动回溯黑客攻击过程，并提供攻击过程分析和生成事件分析报告，从而实现入侵取证。通过采用行为关联分析方法，将访问行为过程中产生的日志进行综合分析比对，将入侵行为分为探测、攻击、控制、其他等阶段，并以安全事件的方式发出告警，实时监控记录恶意攻击发生的路径及关键点，然后利用监控所获取的数据分析事件完整过程，找出根本原因。日志会记录当前所有服务器产生的事件日志，并提供日志筛选的功能和自定义时间段筛选查询的功能，因此可通过安全日志快速锁定有问题的服务器，并进行相应处理。

截至 2021 年 8 月，我们已经完成了该大型机构总计两期的服务器安全实施工作，并先后对该大型机构 3 个重要核心应用系统共计 700 多台服务器进行服务器安全防护，其中涉及综合办公系统、桌面安全及门户系统。未来，我们将继续快速推进该大型机构的服务器安全建设，为国家重要行业的信息安全保驾护航。

中国联通常态化安全运营实践

（谢攀　中国联通信息安全部副总经理）
（朱治国　中国联通信息安全部信息安全管理室）
（王娜　中国联通信息安全部安全管理室主管工程师）

中国联通是目前唯一一家在集团层面整体进行混合所有制改革试点的中央企业。公司在美国《财富》杂志发布的2021年世界500强中位列第260位。作为服务各行各业、广大人民群众的基础通信企业，中国联通在国民经济中具有基础性、支柱性、战略性、先导性的基本功能与地位作用，致力于成为数字信息基础设施运营服务国家队、网络强国数字中国智慧社会建设的主力军、数字技术融合创新排头兵。

作为关键信息基础设施运营商，中国联通坚持总体国家安全观，统筹发展和安全，构筑网络空间安全防线，履行央企职责，以创新驱动、战略协同、夯实基础、主动防御、市场引领、供给升级、开放合作、生态共赢为原则，以技术创新推动产品创新，以开放合作实现共同发展，携手产业各方打造共建、共享、共赢的网络安全新生态。

一、常态化运营的驱动力

2021年年底召开的中央经济工作会议提出，“加快数字化改造，促进传统产业升级”。数字化经济成为国际角逐的核心竞争力，网络安全则成为数字经济发展的关键保障因素。“十四五”规划提出健全国家网络安全法律法规和制度标准，加强重要领域数据资源、重要网络和信息系统安全保障；建立健全关键信息基础设施保护体系，提升安全防护和维护政治安全能力等诸多网络安全工作目标。

数字经济的发展正在塑造人们对新型网络的需求，而不断发展的技术如云原生、物联网、人工智能（AI）、智能移动终端及元宇宙等则对IT及网络的架构和运营带来了新的安全威胁。创新技术应用的规模和复杂性将超出IT团队有效管理网络并确保其安全的能力，如同安全服务SaaS化、平台化是必然的趋势一样，安全运营也是网络安全体系架构发展到一定阶段的必然。

国外领先的运营商纷纷将安全运营服务作为竞争力和促进业务增长的支柱，并依托自身丰富的数据感知和分析能力、对网络流量的控制和处理能力，以及基于网络的身份认证能力等优势，建立起规模较大的安全运营中心（SOC），以提供安全产品、咨询、安全检测与应急响应等技术服务。

中国联通采用集约型方式建设了全世界最大的单体电信业务支撑系统，其安全威胁和风险的集中性更高，仅凭安全体系和安全能力的堆砌已无法满足日常安全保障与支撑要求，因此，常态化、实战化、系统化的安全运营需求更为迫切。

二、常态化运营的目标

中国联通建设了集团网络和信息安全监控指挥中心，然后以该中心为核心载体，构建全集团网络和信息安全监控指挥调度运营体系，以网络和信息安全"常态化、实战化、系统化、集约化"为目标，快速动员各单位内外可调动的资源和力量，集中运营全集团的网络信息安全工作，持续提升全国安全运营整体水平，为全面数字化转型保驾增值。中国联通重点实现的六大运营目标具体如下：

- 构建全量网络信息安全体系；
- 健全实时监测纵深防御能力；
- 落实责任严守安全生产底线；
- 强化全国指挥调度响应处置；
- 推动常态化安全运营和生产；
- 做好网络信息安全应急保障。

中国联通利用集约的态势感知和指挥调度能力，一方面做好现有安全系统、安全设备等安全能力的协同和调度，覆盖总部和分子公司所有的业务系统，对涉及的重保对象进行监控和支撑；另一方面，该体系不只是为联通自身服务，还可以为外部客户提供服务，由联通研发交付的客户网站和平台可在客户授权的前提下，纳入监测保障，从而保障客户的安全。

三、常态化运营的体系构建

遵循集团集约化建设思路，中国联通常态化安全运营按照"集团总指挥中心、子公司分指挥中心”两级架构进行建设，提供集团全局态势感知、一级指挥调度、两级协同处置的网络安全监控运营支撑。而且在总指挥中心和分指挥中心均配置安全运维、研判分析、响应处置、威胁情报、态势感知、渗透攻防、运营协调等组织与人员保障，进行 7×24 小时网络安全威胁与风险事件的监测、分析、处置闭环，从而做到既有分工，也有协同，驱动网络安全体系能力的良性运转，提升业务和专业的安全效果持续提升。

- **安全运维组**：运营和维护指挥调度、资产治理、漏洞闭环、终端安全、网站安全、邮件安全、敏感信息监控、攻防演练等安全系统、安全设备，确保安全能力的稳定持续输出。
- **研判分析组**：研判安全攻击威胁和安全风险事件，输出安全处置建议和安全整改意见。
- **响应处置组**：按照应急响应流程，根据安全事件类别启动相应的处置预案，进行安全攻击威胁的封堵、安全风险事件的处置，以及重大安全事件的响应。
- **威胁情报组**：监测网络安全情报，收集和通告最新的漏洞情报数据、攻击威胁技术和手段、恶意域名和链接，从而支撑研判分析和响应处置组的运营工作。
- **态势感知组**：7×24 小时监测互联网暴露面、内网核心业务、办公运维和生产营业终端的安全态势，检测安全攻击意图和威胁并进行预警。
- **渗透攻防组**：组织和实施常态化攻防演练、日常风险评估与渗透测试、专项网络与信息安全行动。
- **运营协调组**：组织协同业务部门、网络部门、安全部门的各项工作。

（一）集团总指挥中心

集团总指挥中心设立在集团总部，进行常态化网络和信息安全监控与指挥调度工作。该中心下设安全运维组、研判分析组、响应处置组、威胁情报组、态势感知组、渗透攻防组和运营协调组。

（二）省级分指挥中心

省级分指挥中心设立在总部部门、子公司，负责落实网络和信息安全常态化运营与应急保障工作，承接集团调度的相关工作任务。该中心下设安全运维组、研判分析组、响应处置组、威胁情报组。

（三）专项运营中心

专项运营中心由集团总指挥中心直接统筹，在总指挥中心的授权下，按照安全场景的维度，承担全集团专项常态化运营工作。例如终端、邮件、资产、漏洞等，分别由不同的团队承担专项运营工作，每个场景由总指挥中心设定不同的指标，当超出设定阈值时触发告警，然后由总指挥中心介入生产调度。

四、常态化运营的场景

针对与中国联通业务联系紧密的安全场景，通过安全体系架构建立综合安全能力，开展指挥调度、态势感知、资产治理、漏洞闭环、终端治理、邮件管控、网络安全和敏感信息监控等 8 个安全场景的常态化运营实践。

（一）指挥调度

通过指挥调度平台实现各单位对安全事件全过程的闭环管理：上报、响应、定位、研判、处置等。分指挥中心上报安全事件，集团总指挥中心进行研判分析、漏洞预警及指令下发。集团总指挥中心根据安全运营需求下发溯源、排查、预警、处置等指令，分指挥中心按指令时限要求闭环处理。这样一来，可调度全网安全综合能力，形成全网防控体系，并实现高效运转、横向协同、纵向穿透、联防联控。

（二）态势感知

调用基础网络态势感知能力，实现互联网安全威胁的识别、监控、调度处置。通过部署在 300 多个本地网络的深度数据包检测技术（DPI）设备，进行全面的安全数据采样并记录日志，对僵尸主机、木马文件、蠕虫病毒等的植入、潜伏、活跃三阶段全生命周期进行采集检测。在攻击取证方面，对捕获的攻击报文、传播的木马文件和僵尸主机等攻击对象进行精准分析，实现攻击链条的有据可查、有迹可循，然后在下一步提供攻击检测、溯源能力。

（三）资产治理

资产专项运营团队负责资产的发现、录入、核实。集团总指挥中心通过调用资产管理平台的能力，实现安全事件中资产的识别、定位。资产专项运营团队负责建立并落实资产安全管理考核制度，对资产全生命周期进行管控，其核心指标是资产及时报备率。资产信息的来源包括自主上报、定级备案系统、资产平台定期获取、互联网技术手段抓取等。资产信息包括归属单位、网络单元名称、IP地址、网站域名、网络类型（内网/外网）等内容（可按省公司、地市公司、部门、IP进行搜索定位）。中国联通特有的基础网络能力能够帮助自己以及承载在联通网络上的客户发现活跃资产，尤其对子域名等难于管理的资产进行被动发现取得了很好的解决效果。

（四）漏洞闭环

漏洞专项运营团队自建漏洞发现能力，实现漏洞发现及整改处置的闭环。漏洞专项运营团队负责对漏洞全生命周期进行管理，包括关联资产、整改加固、复测、闭环处置等。漏洞来源包括通过内部众筹的单位进行漏洞挖掘、工信部的月度漏洞通报、外部漏洞的收集。在发现漏洞后，需生成漏洞报告并通报给资产责任单位，然后通过漏洞管理平台进行漏洞整改闭环管理。集团总指挥中心负责监测超时的漏洞处理事件，或者调度处理重大漏洞事件。

（五）终端治理

通过与奇安信合作的天擎终端管理平台来识别终端的纳管、病毒、漏洞等情况。终端专项运营团队对纳管终端的安全问题进行检测，负责网络准入管控、补丁漏洞和病毒查杀修复、终端管控，以及监测及规范员工日常办公行为，提升企业内网安全环境。集团总指挥中心负责监测超时的终端处理事件，并下发终端染毒、漏洞通报、终端入侵、终端合规等场景安全指令。

（六）邮件管控

邮件专项运营团队负责识别钓鱼邮件、恶意邮件等，还负责识别邮件账号异常登录行为，并通过指挥调度平台管控各单位邮件安全事件的闭环处置。通过使用邮件安全网关能力，对邮件网关进行风险检测、预警及拦截处置。通过对邮件系统海量日志的分析，研判邮箱境外异常登录行为，然后与分指挥中心联动处置，以规避邮箱账号的境外数据传输风险。分指挥中心及个人用户及时上报异常情况，对漏过的钓鱼邮件进行研判和处置，并采用域名封禁、邮件拦截、用户提醒等技术手段进行溯源反制。

（七）网络安全

网站专项运营团队监测资产管理平台纳管的网站，对网站的页面进行定期监测和扫描，以准确发现网站面临的威胁，包括网站可用性、页面变更、页面挂马和页面敏感词等。在发现网站被攻击后要及时告警，并通过研判下发修复处置指令。

（八）敏感信息监控

利用网络安全和大数据分析技术搜集暴露在互联网上的与联通相关的网络架构图、重要项目的方案文档、初始化权限密码、招标类文档等重要的敏感信息，通过指挥调度平台管控各单位敏感信息事件的闭环处置。抓取和搜集联通暴露在互联网上的各类敏感字段，包括业务配置信息、手机号码、系统信息、账户密码等信息，并在研判分析后协同分指挥中心进行处置。

五、常态化运营的成效

（一）重大活动保障

自网络安全运营体系规划建设以来，在党的一系列重大活动通信保障以及攻防演习中起到了显著的支撑作用，未发生重大安全事件。

（二）常态化运营管理

聚合了态势感知和应急指挥能力的网络安全运营体系服务于中国联通总部和31省的分公司、数十个核心业务支撑系统、数百个产品业务单元，对互联网暴露面攻击威胁防护、内网异常违规行为分析、网络安全监管合规等网络安全常态化管理工作起到了突出的支撑和保障作用。

下一步，中国联通将全面贯彻落实总体国家安全观，深入推进网络安全运营体系从常态化走向实战化，并纳入更多的安全场景，筑牢网络空间安全可信的第一道防线，当好新型数字信息基础设施的坚强守护者，构建数字经济“国家首席、政府首选、人民首信”的“安全第一盾”。

03 第3章 数字城市

城市网络安全管理机制研究

（杨浩 国家网络安全产业园区（长沙）城市网络安全运营中心技术总监）

随着新型智慧城市的建设、新一代信息技术的融合发展，城市网络安全的管理仍然存在很多问题。例如，以城市为整体的网络安全保障能力差，安全事件频发；对影响城市信息化系统的网络安全问题的处理存在被动滞后的情况；城市网络安全管理机构重叠，分散管理严重；城市网络安全管理各专业部门之间责任边界不清；城市网络安全管理缺乏有效的监督和评价机制；管理缺乏统一调度，部门联动机制不健全，使整个城市网络安全的管理功能难以发挥等。要解决这些问题，关键在于转变政府职能，改变固有的城市网络安全管理模式，创建新的城市网络安全管理机制。

近年来，国家网络安全法律法规和相关制度不断完善，人们对网络空间安全的认知不断深化，网络安全问题引起了广泛的关注。网络安全是信息化推进过程中必然出现的问题，因此只能在发展的过程中用发展的方式加以解决，要努力实现技术创新和体制机制的创新，不断形成维护网络安全的新思路、新方法、新举措。

一、城市网络安全管理的特点

（一）城市网络安全管理是城市管理的一部分

智慧城市是城市物理空间在数字空间的映射。在城市物理空间中，公共基础设施是保证城市正常运行的基础，也是城市职能正常运转的保障。而在城市数字空间中，城市关键信息基础设施和重要系统是构成数字城市正常运行的基础，也是数字城市正常发挥作用的保障。关键信息基础设施一旦遭受网络安全攻击，将发生大面积的瘫痪或破坏，从而严重扰乱城市的经济和社会秩序，造成市民的生命财产受到严重损害。

（二）城市网络安全管理是城市发展的基础

在新时代，数字经济在社会经济中的地位不断提升。尽管网络安全并不能直接拉动城市GDP的增长，但是网络安全能够帮助数字经济的发展守住“底线”，确保城市经济产业发展的生产要素能够在有效的网络安全管理下发挥更加有效的作用，创造更大的经济价值，从而保证城市的快速发展。

（三）城市网络安全管理是一项复杂的系统工程

需要以城市管理者的视角来看待城市网络安全管理机制的建设，不仅要突出以政府统筹主导的重点保护，以及企事业单位的网络安全保护，也要对城市各行各业的其他安全保障对象能够做到应保尽保的全面覆盖。同时，还需要广大市民和普通群众的积极参与，并能对威胁城市网络安全的风险做到预警、识别、检测、防护、响应和处置。

（四）城市网络安全管理需要安全生态的支撑

城市网络安全管理除了需要政府主导的城市全行业和全民的参与之外，也需要网络人才队伍和网络安全服务商的专业支撑，只有构建良好的网络安全生态发展环境，才能保证安全专业人士和安全企业的聚集。

二、面临的网络安全威胁

2021-2025 年是我国国民经济和社会发展的第十四个五年计划时期，新一轮科技革命和产业变革在不断地加速演进，网络也从人人互联向万物互联迈进。5G、大数据、云计算、工业互联网、人工智能、区块链等新兴技术纷至沓来，并渗透融合到生活的每一个角落，深刻改变甚至驱动着人们的生产生活方式。

智慧城市已成为我国城市发展的新理念和新模式，因此需要以新一代信息通信技术在城市经济社会发展各领域的运用为主线，实现城市管理的精细化、公共服务的便捷化、生活环境的宜居化，全面满足城市发展转型和管理方式转变的需求。但是，智慧城市在给人们的生活带来更好的体验和极大便利的同时，也带来了不少网络安全风险，如个人信息泄密、公共信息泄密、恶意网络攻击等。

（一）城市关键信息基础设施极易遭受APT攻击

关键信息基础设施的安全运行事关国家安全以及社会稳定，因此成为不法分子和敌对分子觊觎的攻击目标。如果城市关键信息基础设施由于自身的健壮性不够、高可靠性措施不到位，或者遭受到非法的攻击，将严重影响城市的管理和运行，并造成极大的负面社会影响。近几年，针对关键信息基础设施的攻击呈上升趋势。国际信息系统审计协会（ISACA）在其报告中指出，大约70%的能源和通信基础设施遭到过APT攻击。

（二）城市数据的大集中极易导致高价值数据被窃取和滥用

云计算、大数据、物联网、5G、移动通信、人工智能、区块链、工业互联网等将进一步融合。同时，随着新型智慧城市跨层级、跨地域、跨系统、跨部门、跨业务的发展需求，网络信息系统的技术融合、业务融合、数据融合程度将进一步加深。为了充分发掘大数据应用场景，发挥大数据的价值，在智慧城市的运营中会涉及大量的数据采集、集中存储、共享交换和数据分析等场景。当网络环境和应用系统的架构越来越复杂时，集中的数据价值越来越高，数据被窃取或滥用的概率也将越来越大，由此造成的危害也越来越大。

（三）城市网络安全的分散建设极易导致整体被单点突破

智慧城市的建设高度集成了物联网、云计算、大数据等众多新形态的信息技术，这些都是实现城市智能化的基础。而且在智慧城市这个复杂的大型系统工程中，传感感知层、通信传输层、应用层、智能分析处理层等诸多层面存在安全风险和脆弱性，网络安全问题牵一发而动全身。此外，在智慧城市的高度信息化场景中，没有哪家单位或者企业能够在网络安全问题面前做到“独善其身”。一旦无法有效保证网络安全，可能会造成城市管理职能混乱、隐私信息泄露、应急决策失误、各类事故频发乃至局部社会动荡的局面。在智慧城市这个高度信息化的场景中，传统烟囱式、补丁式、分散式的网络安全建设已经难以应对当前网络安全防护的需要。

（四）网络安全人才的短缺极易导致城市网络安全保障能力不足

只有培养网络安全人才，才能夯实网络安全根基，才能更好地推动技术创新和产业发展，为建设网络强国提供智力支撑和人才保障。当前，我国要掌握互联网发展的主动权，保障互联网安全、国家安全，就必须依靠创新和人才来突破核心技术难题。

目前，全国高校预计每年可培养网络安全专业的毕业生数量相当有限。而根据各大研究机构的统计数据表明，当前中国网络安全专业人才的缺口接近50万～100万，其中尤其以能够帮助企业事业单位真正解决网络安全实际问题的实战型和技能型等人才的缺口最大，约占总缺口人数的60%。

三、国家法律法规及政策要求

没有网络安全就没有国家安全。网络安全不仅关乎国家安全、社会安全、城市安全、基础设施安全，也和我们每个人的生活密切相关。网络安全是事关经济社会发展、国家长治久安和人民群众福祉的重大战略问题。网络安全是未来中国城市发展的核心保障，也是大国竞争的最重要的赛道之一。虽然城市网络安全面临诸多风险，但是我国对网络安全的重视，也为其发展带来了巨大的机遇。

近期密集发布的《中华人民共和国数据安全法》《中华人民共和国个人信息保护法》《关键信息基础设施安全保护条例》，进一步细化和完善了《中华人民共和国网络安全法》所确立的关键信息基础设施安全保护制度，明确了网信部门、公安部门以及重要行业和领域主管、监督管理部门（以下简称保护工作部门）的责任边界和职责要求，明确了关键信息基础设施认定原则和认定机制，细化了运营者的主体责任和义务，形成了关键信息基础设施安全保护工作相关各方的责任体系。这都给城市网络安全管理体系的组织结构的建立提供了重要的依据和参考。

面对当前面临的风险和挑战，城市网络安全管理机制（见图 1）应该用体系化的思维去思考安全问题，要从国家发布的众多法律法规中找要求、找依据、找方法，保证智慧城市网络安全建设是合法合规的。

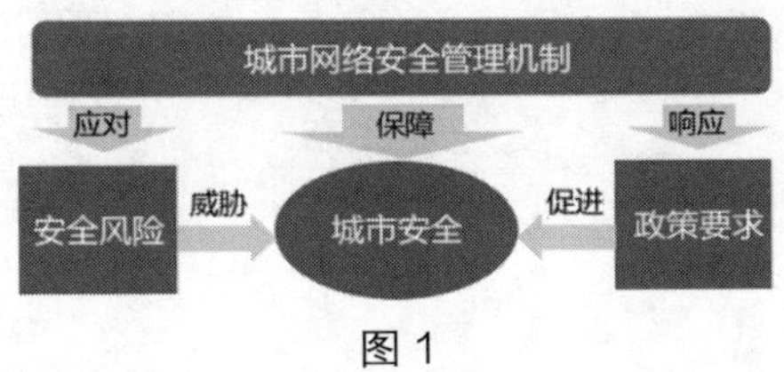

图 1

要做好城市网络安全管理，就要从城市管理者的视角，加强网络安全管理体系的统筹规划和框架设计，才能有效地应对当前网络安全发展所面临的风险挑战和合规要求。

四、城市网络安全管理的总体框架

为了让城市能够应对新时期的安全风险以及响应国家政策的要求，可将城市网络安全管理的总体框架分为如下3个部分（见图2）。

- **安全战略**：站在城市管理的角度上，为网络安全管理的决策制定策略方针和发展方向，以指导与约束城市网络安全管理的实施。
- **安全保障**：管理城市网络安全的规划、建设与维护，通过统筹安全公共服务的能力，以分级管理的方式保障安全战略的准确落地和有效执行。
- **安全生态**：管理城市网络安全生态圈，为安全保障的正常运转以及应对信息技术和网络安全形势发展的需求提供人才与技术支撑。

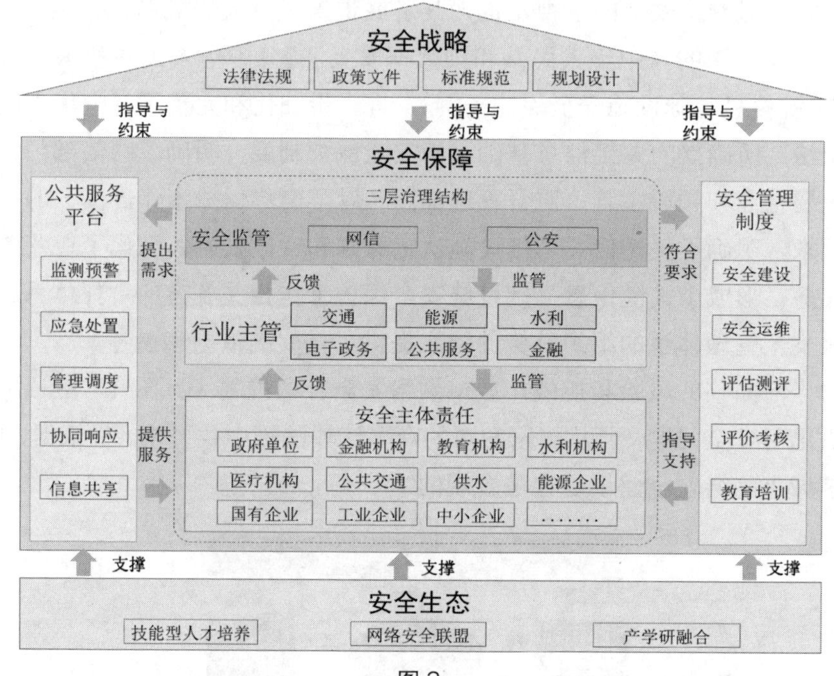

图2

（一）安全战略措施

网络安全战略保障是整个城市网络安全管理机制正常运作的基础。

要建立城市网络安全管理机制，首先需要承接国家在网络与安全方面的相关法律法规和政策文件要求，在明确城市网络安全主管部门和智慧城市信息化建设部门的主导下，结合城市政治、经济、文化特定的属性特点，制定具有区域特征的网络安全管理政策要求和规范要求，明确各级各部门之间的网络安全管理责任边界，建立分级管理、联防联控的组织协调机制。

其次，参考国家网络安全相关标准规范体系，统筹城市网络安全总体规划设计，重点解决和制定网络纵深防御、云安全、数据安全、应用安全、密码安全、物联网、个人信息保护等领域的安全实施标准和规范。同时，为确保规划设计的有效落地和标准规范的有效执行，应明确具体的部门负责网络安全建设实施，确保建设按照规划有序推进实施，以解决在智慧城市网络安全规划、建设、验收和运营过程中的问题，稳步推进网络安全发展。

（二）安全保障措施

1. 构建城市网络安全三级共管的管理架构

通过安全监管、行业主管和主体责任三级管理模式（见图 3），层层抓落实，确保网络安全措施的有效落地。

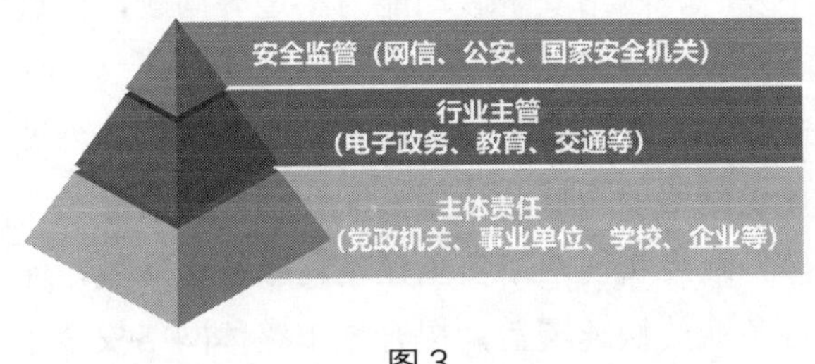

图 3

由公安机关、国家安全机关和国家网信部门等承担城市级的整体安全监管工作；由各行业主管部门承担本行业、本领域的安全监管工作；由各安全保护对象承担与其主体责任相应的安全保护工作。

城市的安全监管主要采用互联网网络安全属地原则，主要由网络安全主管部门负责，工作内容包括统筹协调、安全审查、监督考核、评价改进。

统筹协调需要在运作机制上进行强化与改善，明确信息系统的安全监管均由统一的部门进行，而且也由统一的部门负责牵头推进国家各部门的管理规定，避免出现“婆家”过多、相互推诿的局面。

对于电子商务、互联网金融、大数据交易服务等涉及国计民生的重要信息系统，应建立准入、备案和常态化的安全审查制度，加强安全监管，控制安全风险，对城市关键信息基础设施实行重点保护。

监督考核则是监督落实网络安全管理工作。评价改进则针对行业主管和安全保护对象的管理与安全保护工作，给予相应评价和改进建议或要求。

行业主管的安全监管主要采用本行业内的网络安全责任制，而且由各行业的主管部门负责，并以行业属性为特征，在城市网络安全主管部门的监管下，实施在本行业内的网络安全管理工作的统筹协调、监督考核和评价改进。

安全保护对象主要是指网络安全主体责任的承担者，主要由各单位、企业或机构等组成。安全保护对象需要在遵守相关网络安全政策法规和标准规范的基础上，根据自身特点构建相应的网络安全保护平台或措施，并且接受城市网络安全主管部门和行业主管部门的安全监管。

2. 构建城市级的网络安全公共服务平台

通过以城市业务为导向、以数据去向为基础，将具有共性要求的网络安全能力进行集约化建设和集中运营，并通过统一的平台同时向城市安全决策者、安全管理者、安全建设/服务提供者、安全运营者提供服务。这可以有效解决网络安全数据孤岛、应急响应处置不及时、网络安全联动能力不足等问题，促进城市级网络安全保障体系的形成。

同时，以集中运营方式汇聚各类网络安全的专业数据，为城市网络安全管理中的各级单位和部门提供网络安全威胁情报、监测预警、信息共享、应急处置等网络安全公共能力的支撑，最终实现网络安全建设向服务化转型，促进城市的网络安全保障能力向全市各行各业的快速覆盖，提升城市整体网络安全水平。

3. 构建城市级网络安全联盟

为了确保参与智慧城市建设运营的供应链安全，并防范网络安全风险，应由城市网络安全主管部门牵头，并由专业安全机构配合，以组建城市网络安全联盟，建立智慧城市网络安全准入标准，对为智慧城市建设运营的供应商进行网络安全资质审查，对其提供的产品和服务进行网络安全评估检查，并为智慧城市的网络安全提供建设、运维、评估和教育培训。

（三）安全生态措施

1. 网络安全人才培养

在网络安全人才培养方面，需加强高校网络安全学科建设和人才培养，并采用产教融合、校企合作的办学模式与高校联合培养人才。此外，还需鼓励企业自建网络安全科普教育基地或网络安全培训课程。还可通过网络靶场演习、众测和竞赛选拔等模式进行实战训练，以更好地发现人才。

2. 产学研用一体化

落地城市优势产业链，加强产学研一体化深度融合。以优势企业为主体，开展“产学研协”安全创新体系建设，支持安全企业承担国家重大科技项目和牵头组建技术创新联盟。进一步完善促进科技成果转化的政策，推动在高校院所建设专业化技术转移中心，加快高校院所的科研成果向企业的转化应用。

五、城市网络安全管理发展趋势

（一）网络安全立法地方化

随着《关键信息基础设施安全保护条例》的发布，国家网络安全立法的上层建筑基本已经搭建形成。在国家立法的基础上，网络安全立法将在各区域、行业和领域展开，在国家网络安全法的基础上，应根据具体的实际情况，建立相应的网络安全规范，明确相关政府单位的职权，建立自适应的网络安全应急响应急和预防机制，以高效地开展执法工作。在建设网络安全的同时，对网络安全建设的相关供应商制定明确的筛选标准，并通过相应的审核列出可信的供应商名单。

（二）设置城市网络安全运营机构

从各地区的网络安全建设经验来看，只有建立具有“本地特色”的网络安全管理体系，让各行业及政府各单位的网络安全交给独立的单位或组织进行统一、专业、有效的管理和运营，才能保证城市网络安全的运营效率，提升城市整体的网络安全联动性和应急响应的及时性。

（三）网络安全投入持续加大

我国网络安全建设起步比较晚，因此加大网络安全建设的投入是问题的关键。只有政府部门加大投入力度，才能引起全社会事业单位、企业和个人的重视。相关数据显示，预计在 2025 年之前政府和企业每年在网络安全上的投入预算会占全年财务预算的 15%以上，整体的防护和应急水平会有显著提升。

（四）网络安全人才规模化

政府应加大网络安全相关专业和培训机构的建设与投入，通过就业和奖金等方式鼓励学生加入到网络安全的学习中，从而使更多优秀的学生进入网络安全行业。此外，政府还应与各网络安全厂商进行合作，为相关专业的准毕业生提供良好的实践机会，填补网络安全人才市场的空缺。

关于城市网络安全运营的思考

（翟胜军　奇安信集团首席安全专家）

建设智慧城市的目标是“善政、兴业、惠民”，支撑城市智能化管理的核心技术则是信息化。如果说计算与存储能力是城市管理的大脑，那么城域网与5G通信就是城市管理的神经中枢，再加上各种各样的智能终端，就构成了城市的信息化基础设施。

保障这些基础设施的安全，不仅可以保障整个城市的安全、稳定运行，而且还可以保障市民的衣食住行、生活与工作。一旦这些基础设施的保障不到位，后果将不堪设想。因此，城市网络安全运营中心应该是与智慧城市规划同期进行的工作。

一、城市网络安全需要运营

很多年来，信息化技术厂商一直在提“设备运维”，为什么在网络安全领域则提出了安全运营的概念呢？其实，运维、运行、运营的概念是根据用户的需求逐步演化发展而来的。

运维指的是为了确保设备正常使用而所做的维护工作。由于信息化产品的集成度高、技术性强，因此在发生故障时需要专业的人员进行处理，而专业人员则构成了运维团队。

运行指的是在设备部署到用户环境中后，需要配置各种参数与策略才能有效工作：安装上线时，需要专业的人员现场调试；设备运行后，还需要定时监控；环境发生变化时，需要及时调整参数。

运营指的是在设备部署、运行后为用户带来了哪些价值，以及为获得更大价值而组织的各种活动。

网络安全不仅仅是部署一些安全设备，更重要的是让这些设备在抵御网络攻击时能发挥作用。安全策略需要随攻防态势的变化而及时调整，而且还要根据业务系统的需要，综合考虑各种安全设备之间的配合，最终构成完整的防御体系。

图 1 所示的滑动标尺模型展示了网络安全能力建设需要体系化并叠加提升的思路。

图 1

首先是基础架构的内生安全，即提升信息化系统自身的安全能力。

其次是合规性的纵深立体防御体系。

在部署了足够的安全措施工具与平台之后，用户开始关注实战中的攻防对抗能力（即进入积极防御阶段）。各种安全措施相互联动、相互补充，并对安全策略进行动态优化，使得应急响应速度得到进一步提升。但是，积极防御正是通过落实安全运营机制来保障的。

在引入威胁情报分析，提升入侵发现能力的同时，也提高了对安全运营能力的要求，这就要求团队、工具、流程三要素的融合要更加流畅。

之后进入进攻性防御阶段。在该阶段展开红蓝对抗、实战演习，对安全运营能力的综合进行检验。

网络安全是人与人之间的对抗，而不是单纯的技术竞争。网络安全对抗具备 3 个典型的特性。

- **体系化设计**：网络上承载了不同的信息化系统，网络安全需要统一规划设计，不能只关注某些业务的安全。如果攻击者在成功入侵一个普通业务系统后，进行横向攻击，就会对重要的业务产生威胁。
- **实战化运营**：网络安全保障的目标不是通过测评，而是在攻击到来时，让损失降至最低。要检验一个网络安全防护方案的优劣，就需要在实战攻防对抗中去看效果。

- **常态化监控**：网络攻防行为具有很强的隐蔽性，无论是没有特定针对目标的计算机病毒与蠕虫，还是高级别的APT，入侵事件都在随时发生，网络安全的防护者需要进行 7×24 小时的常态化监控。

智慧城市涵盖了电子政务系统、政府门户网站、公众服务等各种重要的信息系统，以及教育、卫生、交通、金融等各行业的信息化关键基础设施。它们面对的是关系到国计民生的网络攻击，因而需要构建强大的网络安全运营能力。但是，目前的状况是城域网大而复杂，政务民生业务的种类与用户数量都很多，各种智能终端的数量极其庞大，互联网出口多而复杂……同时，政府人员编制少且缺乏专业的技术人员，因而无法独自建立网络安全运营中心。

而解决这个问题的思路就是建设城市级的网络安全运营中心。作为智慧城市的网络安全基础支撑平台，城市级的网络安全运营中心不仅可以保障智慧城市关键信息基础设施的安全，而且可以为那些自己无法建设安全运营中心的中小企业，提供远程托管的安全运营服务。

二、建设思路

（一）提升用户的网络安全防御能力

城市管理者需要的是网络安全的防御能力，其构成有以下 3 个要素（见图 2）。

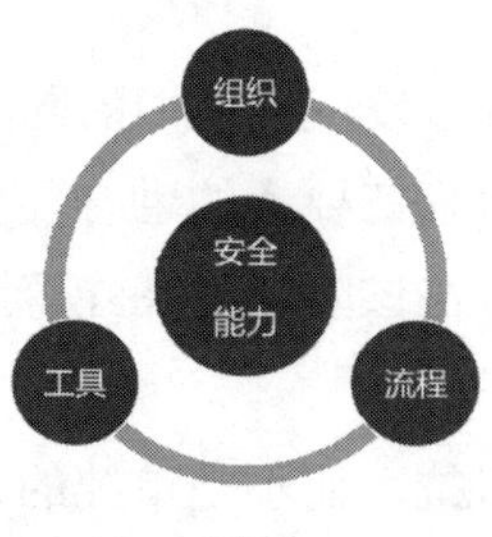

图 2

- **组织**：在进行威胁对抗时，需要领导及时决策，也需要专业的技术团队在海量的日志告警中发现异常，阻断攻击者。
- **工具**：要抵抗高级威胁，就需要使用各种专业且先进的工具（技术软件与平台）进行漏洞发掘、威胁情报分析、溯源分析……虽然依据等级保护标准建设的防御体系提供了各种防御措施，但是让运营团队熟练使用这些工具才是重点。

- **流程**：在进行威胁对抗时，需要按照步骤进行操作，需要有应急预案。如果没有标准化的流程，不提前做好应急预案，不采用自动化处理，则很难跟上攻击节奏。

安全防御能力的建设是一项工程，具备如下特点。

- **建设是持续性的**：能力的提升不是一蹴而就的，需要在实战中不断总结改善。
- **建设是分阶段的**：安全投入与业务发展面临的威胁直接相关，因此需要分阶段建设团队和工具平台。
- **建设是可度量的**：网络安全最大的问题是成效难以量化，而安全运营中的各种工作需要从技术层面进行衡量，让数据说话，让网络安全可见，让领导能够参与决策。

网络安全运营的目标就是对这 3 个特点进行构建、培养、改善，提升用户整体的网络安全防御能力。

（二）城市网络安全运营中心架构

城市网络安全运营中心以虚拟化的云架构为基础，构建强大的网络安全服务中台，为政府、企业、市民提供网络安全保障能力。

安全运营中心主要提供了网络对抗的工具与平台，重点提供了下面 3 种能力。

- **异常监控能力**：以告警处置流程为核心，通过部署大量探针来采集流程、日志、告警等消息，然后对各种网络行为进行分析，在发现异常时立即进行技术研判，在确定攻击后立即执行对抗策略。
- **威胁情报能力**：以漏洞处置流程为核心，通过情报与资产的碰撞，确定威胁波及的范围，制定漏洞补丁的处置计划。
- **敏感数据与业务访问控制能力**：以资产管理、安全配置、授权管理等流程为核心，严格审计对敏感数据与业务服务的访问，把好网络安全防御的第一道关。

（三）安全运营需要场景化设计

网络安全运营中心在设计之初，就需要确定安全运营的具体工作内容，并依据运营工作的内容，分析完成这些工作所需要的工具设备；然后设计工作中的操作流程，并落实到相应的运营工作岗位；最后配备相应的运营工作团队，并设定运营岗位的考核指标。

网络安全防御与业务密不可分，不同场景下的攻防对抗思路有很大的差异，因此安全运营的工作内容也会相应变化。所以，一般采用场景化的方式进行运营管理。目前常见的安全运营场景如下。

- **终端：** 安全攻防的起点都是终端，而且终端具有数量多、环境复杂、管理难度大、安全漏洞多等特点。终端统一安全管理的覆盖率是网络安全防御能力的基础。
- **数据中心：** 数据中心也是攻击者的目标，因为它存放了重要的服务与敏感数据。数据中心一般位于物理安全较好的机房内。数据中心是等级保护建设的重点，但是在数据中心内，最容易忽视的就是安全运维人员的管理、不同业务系统的隔离（包括云计算环境下的业务系统隔离）。
- **互联网边界：** 外部攻击者必须突破的第一道关卡。优化互联网出口边界，缩小受攻击面，是业务专网安全运营的第一步工作。
- **内网边界：** 建立多重边界防御体系，梳理不同网络区域、不同业务系统的安全需求，有效建立边界访问控制体系是防止恶性攻击事件扩散的有效措施。
- **门户网站：** 网站是互联网的公开门户，是攻击者看得见的靶子，也是连接内部网络的大门。

在进行场景化设计之后，网络安全运营的重点工作可以精确定位和部署，从而可以配备有效的工具与技术团队，提升整体网络安全防御能力。

智慧城市的安全运营不可能一蹴而就，而是要从“重要场景先行”（如门户网站、互联网边界、终端、数据中心等）的思路进行切入。

（四）安全运营能力与产教融合促进

安全运营能力需要专业的、稳定的技术团队提供支撑，而人才招聘、组建运营团队，对于构建安全运营中心来说是首要的难题。阶段性的服务人员可以从总部调配，但是日常的现场工作人员则需要有本地化的专业人才储备资源。为此，需要走产教融合的人才培养路线。

在建设城市网络安全运营中心时，安全企业可与本地的大学进行合作，帮助学校开设网络安全学科，建设网络安全实验室，组建网络安全研究中心，共同培养网络安全专业人才。这样一来，一方面毕业学生可以到安全运营中心、研究中心进行实习或工作；另一方面又可以满足本市企业、政府对网络安全岗位人才的需求，形成良好的网络安全人才生态圈。

三、新技术应用带来的问题

城市网络安全运营是信息化技术与攻防对抗技术双升级的情况下，催生出的新事物，很多理念还在磨合期。对于那些跨系统、跨网络的运营场景，以及涉及用户组织架构的限制，如何有效地开展安全运营还处于探索阶段。

目前，新技术的应用对数据安全和供应链安全带来的主要挑战如下。

- **数据安全**：网络上承载多个业务信息系统，数据存在于多个业务信息系统中，同时数据共享又是未来的趋势，这增加了数据保护的难度。数据安全运营需要先梳理数据的种类并进行分类分级，然后再根据数据的敏感程度和共享方式制定安全策略。在进行数据安全运营时，需要涉及多个部门、多个系统的细粒度访问控制，并且数据安全需要贯穿其整个生命周期，这对构建安全保障措施提出了很大的挑战。
- **供应链安全**：供应链涉及信息化系统的全部上游服务商（直接服务商和间接服务商），典型的如软件开发商采用的开源代码、集成了其他厂家的软件包等。要想有效监控软件代码的继承链，判定漏洞对应用的影响，除了需要软件开发商提供清晰的软件开发架构外，还需要对上游的服务商提出安全要求，并与服务商建立安全协同机制。

网络安全的对抗是动态的，很难采用某种技术手段来证明防护措施的有效性，因此常用的方式是在实战中去检验效果。构建城市网络安全运营中心，就是构建智慧城市信息化基础设施的网络对抗实战平台，充分发挥安全保障体系的效果，有效提升网络安全防御能力。

五张安全滤网构建政务网络空间安全体系

（屠勇刚 嘉兴市政务服务与数据资源管理办公室）

2021年2月，在农历新年后上班的第一天，浙江省委召开全省数字化改革大会，全面部署数字化改革工作。会议指出，网络安全问题牵一发而动全身，已经成为基础性、全局性的国家安全问题。要充分认识数字化改革背景下网络安全面临的风险挑战，坚持问题导向、效果导向，统筹发展与安全，切实增强做好网络安全工作的紧迫感，全面加强网络安全整体能力建设。

会议强调，要紧紧围绕保障数字化改革这一中心工作，持续推进网络安全整体能力提升行动，深入实施首席网络安全官制度，全力推进网络安全工作责任制的落实。要聚焦关键信息基础设施保护、数据安全和个人信息保护，一体推进网络安全保障体系建设，着力提升网络安全整体防护能力，筑牢数字化改革网络安全根基。要坚持系统思维，运用系统方法，不断强化网络安全治理能力，积极构建网络安全工作闭环机制，推进网络安全整体智治。

随着数字化改革、智慧城市建设的不断深入，嘉兴市政务信息系统建设快速发展，在支撑政府治理能力现代化、促进市域治理现代化、推动经济社会发展等方面发挥着重要的作用。与此同时，网络威胁也进一步加剧，攻击呈现出多样化、复杂化、组织化等特点。攻击方式从个人入侵者发起的普通攻击升级为由专业黑客组织发起的精准定向攻击。云计算、大数据、人工智能等新技术也被黑客组织广泛用于攻击行动。此外，内部人员恶意或无意导致的安全事故也越来越多。这导致以边界防御为核心的传统网络安全防护理念与技术凸显不足，也促使嘉兴市重新思考安全防御体系的新模式。

一、五张滤网总体概述

（一）四个安全问题

嘉兴市政务公有云和政务专有云已投入运行6年，通过前期建设和维护，已完成了云平台IT基础架构的全面建设，实现了基本安全防护，可以为各单位提供基础云服务、云增值服务、云网络服务及云技术支持等服务。

随着建设的深入，尤其是数字化改革背景下市县“一体化智能化公共数据平台”的不断完善，海量城市级数据的高度集中与互动分析将成为趋势。一方面，以集中数据、多入口访问为特点的建设必将给政务体系网络安全、个人信息的数据安全以及社会的公共安全、社会稳定乃至国家安全带来大量的安全隐患。另一方面，在嘉兴市建设“一体化智能化公共数据平台”的过程中，涉及从底座到上层应用的多个建设方，安全要求与业务发展之间很难达成平衡。

目前，我市政务信息系统安全保障体系尚不健全，难以满足我市政务网络空间治理和政务信息系统建设快速发展的需要。在数字化改革过程中，需重点解决 4 个安全问题。

- **干什么**：如何建立行之有效的顶层安全规划，推动安全与业务同步规划、同步建设、同步运行。
- **怎么干**：如何落地安全技术和安全运营能力，加强市域全链路安全能力，促进政务安全的可知可感可控。
- **谁来干**：如何建立一站式流程化的安全组织和可执行的监督考核管理机制，落实网络安全责任制。
- **干的成效如何**：如何实现安全知行合一、统筹兼顾，确保安全实现“常态化运行、有事件无事故”的目标。

因此，为深入贯彻落实国家网络强国战略，促进我市政务网络空间的安全治理，保障我市政务信息系统建设的快速发展，结合我市数字化改革和智慧城市建设的要求，需要围绕“云、网、端、数、用”这 5 个维度，整体规划、统筹建设嘉兴市政务信息系统网络空间安全保障体系。

（二）五张滤网框架

面向“云、网、端、数、用”全维度建立全生命周期的安全防护体系和监管体系，其总体框架如图 1 所示。

针对嘉兴“一网、两云、一平台”（即市政务外网、市政务公有云、市政务专有云、一体化智能化公共数据平台）等重点保护对象，通过“云、网、端、数、用”这 5 个维度建立安全保障体系的主要内容具体如下。

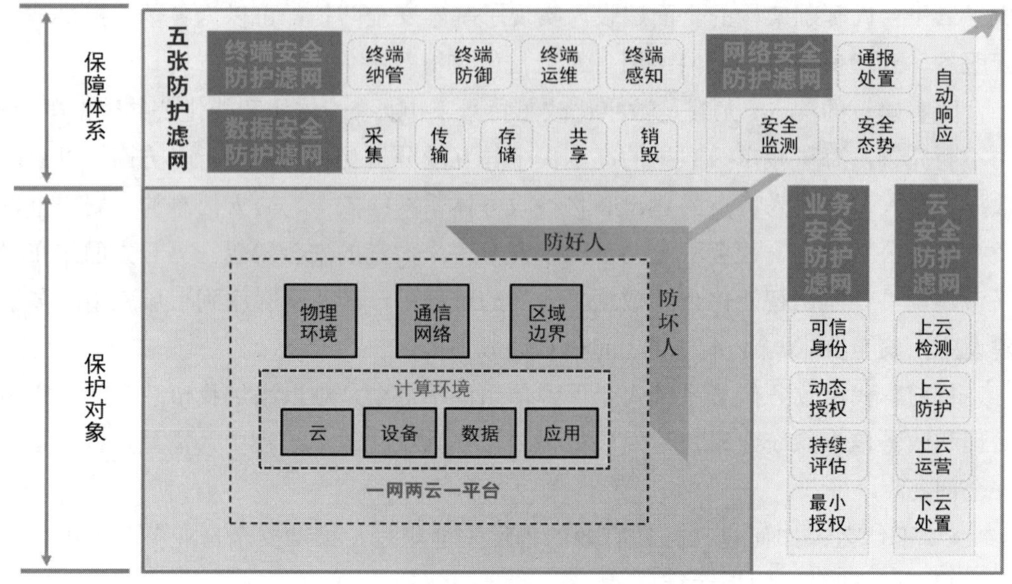

图1

（一）针对“两云”构建“业务上云、用云、下云”流程化防护滤网

遵循国家、浙江省大数据局相关的政策要求，并结合嘉兴市“两云”的发展现状，在现有安全实现的基础上，进行安全技术升级加固和安全体系的建设，以满足当前政务云平台的安全需求，综合保障云上业务的稳定运行。针对“两云”，应明确安全工作界面、维护责任界面，根据应用制定严格的安全防护策略，建立安全资源化、服务化能力，其中安全组件能力可满足嘉兴市域业务和数字化改革需求，且所有云上的主机均具备基础杀毒能力。

（二）针对政务外网建立健全政务网络空间风险预警和监管滤网

嘉兴市政务外网已建有政务公有云互联网出口安全监测系统，初步形成了全市政务外网终端安全防护以及政务云平台的基础安全防护等体系。为了进一步提高嘉兴市政务外网的安全监测能力，加强安全防护和监测预警，拓宽监测覆盖范围，需统一构建政务外网安全监管平台，整合现有各类安全监测体系，以提升嘉兴市政务外网安全保障水平。

同时，为了实现横向与纵向安全信息的共享、协同联动，市政务外网安全监管平台需与省级政务外网安全监管平台对接。市级平台向下级联对接，不断提高网络安全信息共享水平，提升全市政务外网安全协同联动能力。

（三）针对终端构建终端安全一体化防护和管控滤网

终端是威胁最终的落脚点，也是最基础最薄弱的环节。考虑到嘉兴市域终端环境区域分布广泛、终端运行环境复杂、办公场景多样化等特点，需要拉齐全市终端病毒防护水平，强化终端安全防御能力。

终端安全运营的前提是摸清网内终端资产的全貌，这是终端安全运营的前提和基础。目前，嘉兴全市仍未完全掌握这些资产信息，采用人工方式进行资产梳理既不可能也不全面。因此，需要建立终端运维管控能力，进行全网终端资产信息的自动化发现以形成资产清单，并结合业务特点，定期对资产的重要性等情况进行运维，并能对变化进行周期性的监控。同时，必须将现有的X86和国产化终端进行统一准入管理，并通过场景化的内容实现安全运营。

（四）针对数据构建数据全生命周期安全防护滤网

数据是重要的战略性资产，是驱动业务发展的核心动力。数据集中将导致风险集中，数据流转将产生更多攻击面。大数据的采集、传输、存储、使用面临诸多安全挑战，具体如下。

- 数据来源不可信，在海量数据的收集过程中，数据的真实性难以得到保证。
- 特权账号管理混乱，普遍存在特权账号共享、特权账号过期、特权账号进行硬编码处理等不安全的账号管理方式。
- 内部人员的违规、越权、恶意操作导致数据泄露。
- 数据在开放和共享过程中被流转到第三方，难以管控和防范数据被二次分发。
- 不能从整体上掌握数据安全风险，无法感知数据流转过程的安全状态，无法掌握数据资产全貌。

因此，需要贴合业务，覆盖全流程、全周期，在满足合规的同时，全面掌握数据流转过程中的状态，掌握数据安全风险。按照“数据可用不可见、数据不动程序动”的安全理念，在隐私查询、隐私计算、联合建模等场景中进行使用。

（五）面向应用建立健全应用可信动态访问控制滤网

嘉兴市县“一体化智能化公共数据平台”建成后可为各类人员提供数据访问服务，这必将带来接入人员多、对接的设备和应用多、设备和应用的分布范围广、数据量巨大的问题。要解决这些问题，必须把好第一道安全关口，即对人员身份、接入设备的身份进行验证，确保人员和设备都是安全可信的，并拒绝未通过认证的任何人员或实体设备入网。通过将身份作为新的安全边界，将身份安全作为平台安全保障的关键关口，最终建立新一代应用可信、动态权限访问控制的安全防护滤网。

二、实践中落实安全工作

通过“云、网、端、数、用”五张防护滤网的体系建设，我市按照省网信、省大数据局等相关单位的要求和指导意见，认真组织开展重保前的防护部署和安全风险排查工作，全面做好重保阶段的防护工作。

（一）落实制度

在健全网络安全工作体系、组织机构建立、明确责任人方面，严格贯彻落实网络安全主体责任制，按照网络与信息安全工作必须遵循的“谁主管、谁负责，谁使用、谁负责，谁运营、谁负责”基本原则，成立信息安全负责人小组，全面负责信息安全工作，同时下设基础设施与安全部，具体负责信息安全工作的实施。

为了建立、健全大数据中心的信息安全管理制度，按照相关的国家标准，确定信息安全方针和目标，对信息安全风险进行有效管理，确保全体人员理解并遵照信息安全管理制度的相关规定执行。为了改进信息安全管理制度的有效性，还特意编制了《嘉兴市大数据中心信息安全管理制度汇编》，以覆盖大数据中心信息安全管理活动的各个方面。

（二）安全加固

基于网络机构开展安全设备部署和安全加固：

- 对政务云上的 588 个网站配置了网站云监测，对网站篡改、暗链、挂马、漏洞等进行监测；
- 对政务云上的 224 个域名配置了网站云防护，对网站CC攻击、Web攻击进行拦截；
- 在 1711 台政务云服务器上安装了虚拟化安全软件，对网站服务器的僵尸、木马、蠕虫和后门程序进行查杀；
- 在 202 台政务云服务器上安装了主机防护软件，对网站执行防篡改、防扫描、防漏洞利用等功能。

（三）“三高一弱”整改

嘉兴市大数据中心在政务云内部署安全资源池（包含日志审计、数据库审计模组），并完成相关的能力对接。此外，根据省大数据局的数据，嘉兴市政务外网的高危漏洞和高危端口共计有 3093 个，在通过对隐患主机进行梳理确认后，目前这些风险项的修复率已达 98%。

（四）安全闭环管理

在网络安全日常巡检、通报预警、整改处置、核查反馈方面形成闭环。

- 针对省大数据局专项检查以及省攻防演习通报的漏洞、告警的整改情况。

2021 年 5 月初至 5 月中旬，在省大数据局的专项检查以及省攻防演习中，总计发现嘉兴市政务外网的安全隐患多达 127 个，通过对相关隐患进行核实梳理后，已有 83 个安全隐患得以修复，剩余的安全隐患仍在持续整改中。

- 针对省市级公安、网信部门通报的安全事件告警和木马病毒的处置情况。

截至 2021 年 6 月初，收到省市级公安、网信部门通报的安全事件告警和木马病毒总计 111 个，涉及 30 余家单位，通过核实梳理后目前已全部修复。

- 针对本级专项安全工作。

嘉兴市大数据中心开展了数据安全攻防演习、资产梳理和安全风险排查、安全防护软件部署、专项安全检测，以及针对两网互联系统的安全检测工作，在检测过程中发现了大量问题和高危漏洞，在经过核实梳理后已全部整改完成。

（五）复盘总结

在数字化改革吹响号角以来，特别在是护航建党百年重保工作开展后，我市政数办在安全防护方面投入大量技术力量，并有 9 名专职的安全工程师开展安全服务工作。其中，在 2021 年 6 月 1 日至 20 日，每日开展常态化安全检测服务，平均每人每天工作 15 小时以上；6 月 21 日至 7 月 6 日，采取 7×24 小时工作制开展常态化安全检测和重保防守工作。截至结束，整体安全服务工作投入的工时累计超过 4920 小时。此次重保共检测出 1230 个高危风险项，查杀出政务云服务器“僵木蠕”病毒 441 个、后门程序 339 个，共覆盖 202 个单位。在重保值守期间，总计监测处置风险IP 2534 个，抵御攻击 6117 万次。

此次工作以“三化六防”运营思路来提升市县安全联合防控能力，以数据资产为核心，保障一体化智能化公共数据平台的系统安全。从意识、责任、技术、机制出发，强化检查力度，压实网络安全主体责任，完善应急处置机制，最终全面提升了网络信息安全管理水平。

三、防护滤网到运营的演进

安全防护工作不是一蹴而就的，尽管在前期已经部署了很多安全设备，但是安全问题仍然层出不穷。因此，安全建设一定要在全面覆盖的基础上持续做好安全运营。下一步，我市将围绕浙江省数字化改革总目标，坚持系统安全观，按照“全面覆盖、深度融合”安全理念，强化政务网络安全体系建设，同时在日常安全运营中，深入分析我市数字化改革工作要求，围绕“云、网、端、数、用”的安全风险，全面落实网络安全“三同步”要求，构建与数字化融合的内生安全防护能力，强化数据要素安全保障，保持重保阶段网络安全防御的主动性和可持续性，提升网络安全防护与实战对抗能力，打造坚实的网络安全底座，保障数字化改革的安全稳步推进。

最后，安全工作要做到“关口前移，规划先行”，要从技术与思想观念层面实现网络安全与信息化的深度结合，通过“云、网、端、数、用”层面的层层过滤，辅以日常安全运营及常态化的攻防演习，将网络攻击风险降到最低，从而真正保证业务安全。

中国数字城市网络安全发展现状与展望

（高丹　赛迪顾问公司业务总监）

一、城市数字化转型的背景和趋势

（一）城市数字化是我国城市发展重要战略部署

城市数字化作为中国的重要战略部署，在经过 10 多年的发展后，已从最初的智慧城市提升到了一个新的高度。

2011 年，国家“十二五”规划提出“加快建设宽带、融合、安全、泛在的下一代国家信息基础设施，推动信息化和工业化深度融合”。2012 年，国家发布了《关于加快数字城市建设推广应用工作的通知》。2012 年下半年起，各政府部门陆续在智慧城市领域颁布相关政策，部署推进试点城市建设。到 2017 年，《推进智慧交通发展行动计划（2017-2020 年）》和《智慧交通让出行更便捷行动方案（2017—2020 年）》发布。2017 年 10 月，党的十九大报告明确提出，要推动互联网、大数据、人工智能和实体经济深度融合，建设网络强国和数字中国、智慧社会。2020 年 3 月，我国提出加快 5G、数据中心等新型基础设施建设进度；10 月，《中共中央关于制定国民经济和社会发展第十四个五年规划和二〇三五年远景目标的建议》提出，要加强和创新社会治理，构建网格化管理、精细化服务、信息化支撑、开放共享的基层管理服务平台。

（二）城市数字化是城市高质量发展的硬推力

城市的数字化发展重点体现在下面两方面。

1. 产业数字化的转型

在未来，城市高质量发展的基本动力仍将是工业化和城镇化，而经济高质量发展、产业高效协调将为城市工业化和城镇化注入动力。城市数字化在实现转变发展方式、优化产业结构、转换增长动力方面提供了助力。推进城市高质量发展是下一阶段我国城市发展的主要思路。

2. 数字产业本身也将成为驱动经济发展的重要动力

在数字产业化和产业数字化的双重驱动下，赛迪顾问公司预估到 2030 年，数字产业化和产业数字化的合计占比是传统产业的 2 倍以上。城市数字化已经成为城市高质量发展的硬推力。

（三）城市数字化是城市高质量发展的软实力

城市数字化可以赋能“生产、生活、生态”三空间，提升城市生活质量，打造绿色智能安全城市，从城市环境、服务水平、产业发展各方面提高城市发展软实力。

从生产角度分析，目前数字化在生产中可以提升数字产业产值 10%～25%，物流成本下降 5%～15%，生产能力提升 8%～10%，创新水平提升 5%～12%，生产效能提升 7%～18%。从生活角度分析，数字化可以降低公众医疗负担 8%～15%；降低死亡率 8%～10%，社区居民生活便捷度加速 15%，缩短通勤时间 15%～20%。从服务与生态角度分析，政务服务花费时间可缩短 45%～65%，减少温室气体排放 10%～15%，降低犯罪率 30%～40%，缩短响应时间 20%～35%。

二、数字城市网络安全的现状与趋势

（一）智慧城市建设中网络安全投入有待提升

近年来，中国智慧城市建设如火如荼，市场投入规模逐年增多（见图 1）。但是，大多数城市没有系统地考虑网络安全问题，在网络安全方面的投入较少（见图 2），没有建设相应的网络安全保障体系，智慧城市系统存在较大的安全隐患。

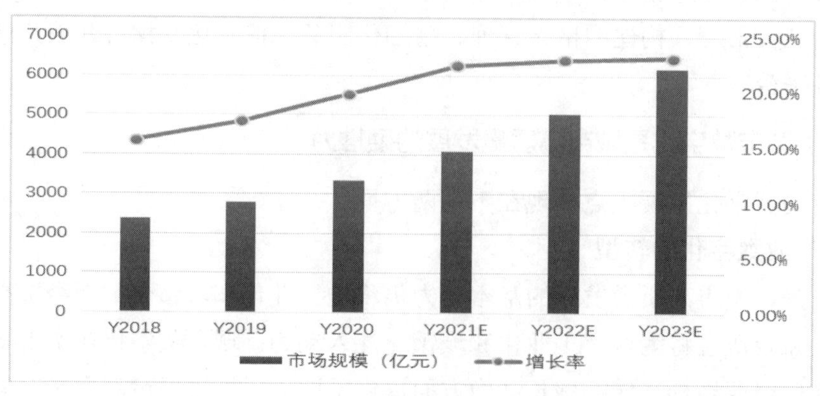

图1

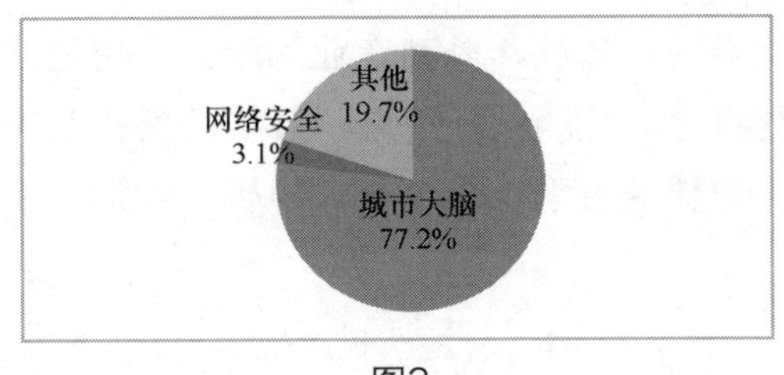

图2

（二）各地政府逐步重视城市数字化建设中的安全问题

我国政府持续高度重视网络安全工作，密集出台了众多网络安全政策法规。在智慧城市建设方面，在各地政府出台的相关政策中，已将网络安全工作协调、关键信息基础设施保护、网络安全通报预警和应急响应、完善公共数据和个人信息保护等作为工作重点。

（三）零信任、数据安全等新技术为城市数字化建设构筑网络安全防线

智慧城市汇聚了与政府、企业、民众相关的大量高敏感、高价值数据，传统的数据安全已无法满足当前智慧城市全量、全域数据安全防御的需求。数据全生命周期安全防护思路可以保障数据在智慧城市跨行业、跨领域、跨平台流动过程中的安全、可信、合规。

全国多地在建设智慧城市过程中面临着“安全孤岛”、运营能力不足等诸多问题，安全运营中心也成为保障智慧城市安全稳定运行的重要载体。未来，城市安全运营中心将进一步实现数字化、平台化、自动化、智能化、闭环化的运营体系。“始终不信任，永远在验证”的城市级“零信任”纵深防御体系，包括认证能力、环境感知能力、权限管理能力、业务审批能力、业务审计能力、策略控制能力等，能够解决不可信网络中各个智慧城市业务场景应用的动态安全防护、精细化访问控制等问题，为智慧城市的整体安全架构提供有力支撑。

（四）物联网、工业互联网提升城市数字化整体网络安全防御能力

将政务、电力、交通、医疗等多个领域，通过物联网、5G、工业互联网等实现信息共融、共享，是智慧城市建设的主要特色。但这种跨平台领域的信息整合在给人们带来更好生活体验及便利的同时，也极易遭受网络攻击。

未来将重点强调对城市物联网运行环境的安全防御，就像人的大脑一样，通过眼观全局，大脑判断与察知风险，并最终指导四肢快速响应并实施安全行为，用整体安全防控为系统间的数据信息的传输与共享配备“智慧守卫”。

工业互联网具有较强的渗透性，以制造业为起点，可逐步扩展为能源、交通、农业等领域数字化、网络化、智能化升级必不可少的新型基础设施。未来，工业互联网安全服务平台将在智慧城市中作为重要板块进行布局，全面提高全社会的整体工业安全服务水平。

三、加强城市数字化转型中网络安全建设的思路与建议

（一）城市数字化转型中网络安全建设的思路

城市数字化是很多复杂巨系统相互有机协调的过程，复杂系统在衔接与运转过程中，网络安全问题的暴露面会更多。因此，如何保障城市各系统的安全运转，如何保护其数据与信息的安全，成为城市数字化转型过程中的关键性问题。

结合智慧城市的整体架构，从网络及感知层到平台及管理层，再到数据及服务层和智慧应用层，都面对着不同的网络安全问题。

比如网络及感知层具有泛在接入及全面感知的功能，将要面对智能传感器安全、边缘计算安全、传输网络安全和大数据中心安全等一系列问题。

平台及管理层具有协同运行和有机管理的功能，将面对云平台安全、身份认证问题和可信问题等问题。

数据及服务层具有资源集中和数据融合的功能，将面对数据全生命周期安全、安全态势感知和大数据安全等问题。

智慧应用层具有应用开放和移动互联的功能，将面临业务安全、边界安全、应用安全和个人隐私保护等问题（见图3）。

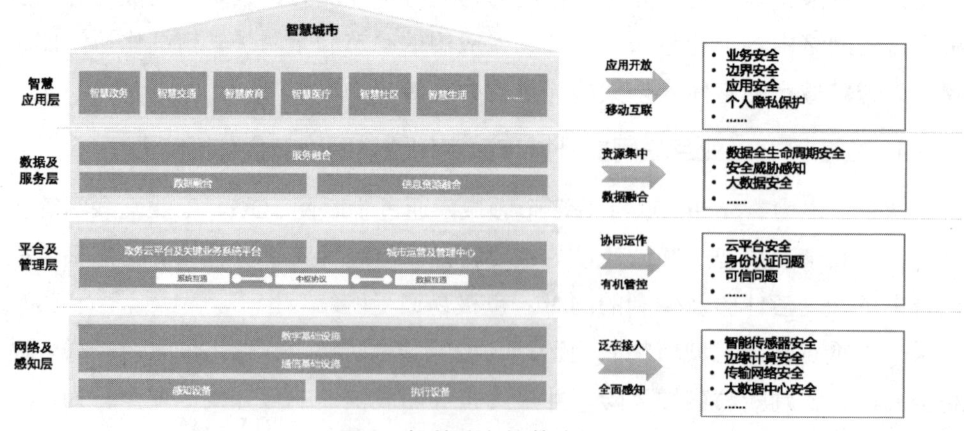

图3 智慧城市的整体架构

结合智慧城市建设过程中面临的不同层次的安全问题，智慧城市网络安全的发展必然是一个从数字化网络安全评估，到城市数字化网络安全需求分析、城市数字化网络安全建设及运营、城市数字化网络安全态势感知，再到数字化网络安全威胁评估的循环过程（见图 4）。

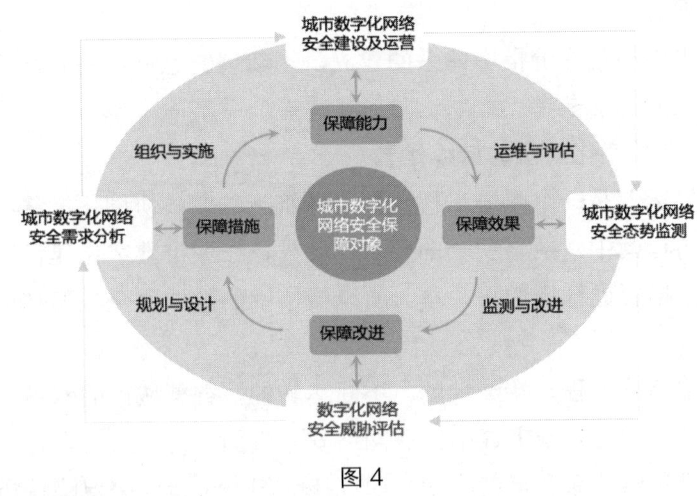

图 4

（二）城市数字化转型中网络安全建设的建议

1. 将网络安全融入智慧城市的顶层设计中

目前，相较于智慧城市投入规模和日渐成熟的建设思路，与之相应的网络安全建设还不充分。在智慧城市的规划和建设阶段，网络安全往往会被忽视，这会给智慧城市体系的运行留下潜在的安全风险。一旦发生网络安全事件，就有可能对企业造成严重影响，甚至影响到社会公共安全乃至国家安全。

为了与智慧城市的发展相配，我们需要构建包含网络安全观在内的智慧城市规划的顶层思维，实现安全防护技术手段和安全运营的同步开展，积极促成安全生态的建立，打造面向智慧城市的整体安全解决方案。最终通过政策驱动以及产业规范的建立，将网络安全纳入智慧城市的顶层架构和设计中，实现智慧城市全融合安全能力的形成。

2. 建立城市数字化网络安全评价指标体系

在新型智慧城市建设方面，我国已经有了成熟的评价指标体系。我国的《新型智慧城市评价指标》是开展智慧城市评价工作的主要依据，也是引导我国各地智慧城市健康发展的重要手段。

在网络安全方面，城市数字化相关的网络安全评价指标体系还在研究和制定中，还未形成国家的标准体系。城市数字化网络安全评价指标会对城市网络空间安全管理现状、城市重要信息资源安全防护能力以及实时网络安全状态进行评价，实现对城市数字化过程中网络空间安全的整体评估，让智慧城市的安全实现安全可见、可控及可评价。

因此，未来要加强评价指标体系的建立，为新型智慧城市的安全管理、建设以及运营提供相应的标准参考。

3. 注重城市数字化安全的持续运营

智慧城市的运营是一个系统工程，数字经济下的业务协同化、移动化、复杂化提升了智慧城市运营中对网络安全的要求。此外，在城市数字化建设过程中会产生大量的数据，数据要进行流通与共享，所以城市中的数据安全与隐私保护就越来越重要。

城市数字化运营过程是持续性的，不断运转的，智慧城市的网络安全不能只靠建设而忽略运营。因此，城市数字化在网络安全方面，在投入安全建设的同时也需要构建网络安全运营体系和运营组织，通过持续的安全运营来保障城市数字化发展的安全底线与持续运行。

4. 重视网络安全应用人才的培养

随着我国对网络安全重视程度的提升，以及网络安全政策制定、制度建设、标准体系建设、技术保障体系建设的步伐加快，内部业务的数字化、外部监管合规压力倍增，各政企机构对网络安全人才、安全专职人员的需求都在不断上涨，网络安全人才供不应求。

此外，网络安全人才，不论是需求还是供给，都多集中于一线城市，其他城市的网络安全人才供给压力很大。因此，各城市要重视网络安全人才的培养，与产业和应用相结合，围绕企业实际需求，加快培养网络安全专职应用型人才，构建城市数字化发展的网络安全良性生态。

技术篇

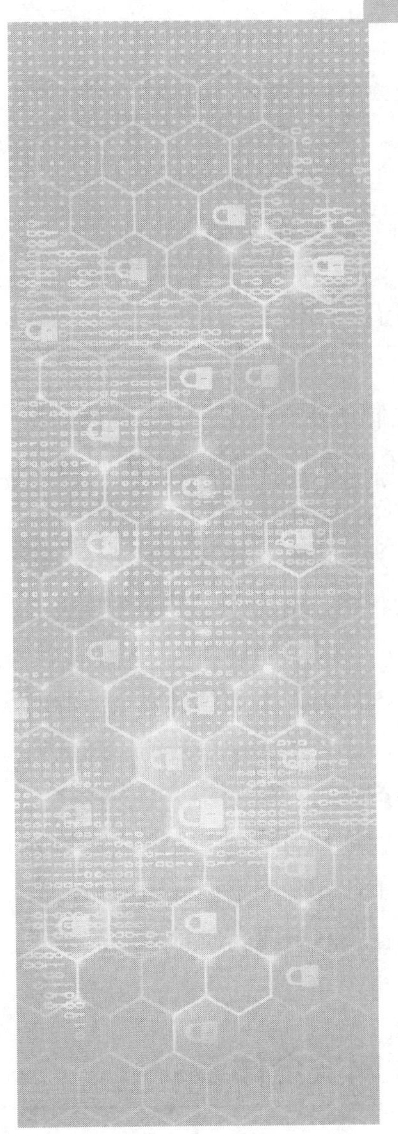

04

第 4 章

工业互联网

“双平台一中心”驱动工业互联网安全卓越运行

（孔德亮　奇安信集团副总裁）

我国正处于新一轮工业革命的历史机遇期，工业互联网作为新型基础设施建设的重要组成部分，是推动数字经济与实体经济深度融合的关键路径。

一、安全是工业互联网高质量发展的保障

自2017年国务院印发《关于深化“互联网+先进制造业”发展工业互联网的指导意见》以来，我国在“十四五”规划、《工业互联网创新发展行动计划（2021-2023年）》等顶层规划方面对工业互联网的发展设立了目标，指明了方向。

工业互联网在构建全新的生产制造和服务体系，为“中国智造”转型升级提供支撑的同时，也打破了传统工业环境相对封闭可信的状态，增加了遭受网络攻击的可能性。

目前，我国各类低防护联网设备的数量已经超过500万，工业信息安全漏洞的数量也已经超过5000个。针对工业企业的网络攻击，已经从原来零散的、局部的网络安全事件，向着常态化、有组织、有规律的黑色产业进行转变。

工业互联网安全作为国家安全的重要组成部分，肩负着为整个工业互联网的运行保驾护航的重任，事关经济发展和社会稳定。增强工业互联网安全保障能力，构建全新的工业互联网安全保障体系，是实现我国工业互联网产业高质量发展的重要前提与基本保证。

二、打造“双平台一中心”工业互联网安全体系

奇安信基于在大数据、威胁情报、防病毒、安全攻防、态势感知等方面的技术优势以及实战中累积的全场景、全链条的安全服务能力，提出了“双平台一中心”的全新工业互联网安全体系框架，驱动工业互联网安全的卓越运行。

（一）“双平台”之一：工业互联网安全公共服务平台

在政府侧，建设工业互联网安全公共服务平台，通过创新安全供给，引导安全需求，搭建贯穿工业互联网安全事前、事中、事后的全生命周期监管体系，破解长久以来政府对工业互联网安全“要分析，没数据；要监管，没手段；要服务，没平台”的困局，全面提升政府辖区内的工业互联网安全防护水平。

（二）“双平台”之二：企业安全运营平台

在企业侧，以创新模式将安全能力与企业的主营业务深度融合、全面覆盖，通过建设企业安全运营平台，使企业实时监测内部工业互联网的安全态势，并做到及时处置和溯源。为企业提供评估检测、规划咨询、攻防演习、应急演练、隔离恢复、运行支撑、人才培训等一揽子服务，避免长久以来企业在网络安全方面重建设、轻运行、缺人才、无技术、投入高、见效难的困境，使企业的工业互联网安全建设真正起到成效。

（三）“一中心”：安全赋能中心

奇安信依托于领跑业界的工业互联网安全实力，打造了工业互联网“安全赋能中心”，对外输出行业研究、咨询规划、标准合规、运行技术、协议分析、漏洞挖掘、威胁情报等模块能力，多维度支撑双平台建设。通过对主流工控设备的持续研究，奇安信建立了业内领先的工业资产指纹库、工控系统漏洞库和工业协议特征库。奇安信拥有数十位工业细分领域的业务专家，深入各省市、各行业的安全建设规划中，做到了工业场景的全覆盖。同时，奇安信千人规模的安服工程团队分布在全国 31 个省、近 300 个地市，可以对任何突发安全事件进行快速、有效的响应。

目前，奇安信已构建了层次清晰、定位明确、融合联动的工业互联网安全产品体系和解决方案，并成功在能源电力、轨道交通、智能制造、钢铁、水务等领域落地，打造了十余个行业标杆案例。奇安信还承担了工业互联网创新发展工程中的工业软件源代码漏洞检测工具开发项目，同时协助中石油、华电集团、比亚迪、航天云网等上百家龙头企业和工业互联网平台进行工业主机安全防护、工业互联网平台安全防护体系建设与工业安全态势感知平台建设。

三、关于工业互联网安全发展的建议

（一）坚持“三同步”原则

随着国家数字经济与实体经济的逐步融合，数字化转型的日渐深入，工业互联网安全面临愈来愈多的挑战。工业互联网安全建设的同步规划、同步建设、同步运行（三同步）是保障我国工业互联网产业高质量发展的前提，也是工业企业数字化转型成功的重要基础。

（二）整体思维，全局视角

工业互联网安全在保障目标对象、安全需求等方面具有特殊性，而工业属性伴生的保护场景的多样性给其自身发展带来了挑战。因此，亟需建立针对性强、特色鲜明的工业互联网安全保障体系，不能再以分散的、局部的传统安全建设理念去应对日益复杂的形式。工业互联网安全也不是某个产品、某个项目能解决的问题，需要整体思维、全局视角，需要政府扶持、龙头引领，提出以区域、行业为核心的、有特色的工业互联网安全框架。

（三）深入行业、融合创新

安全不能独立于工业，安全不是单纯的工控系统安全、办公网安全、云安全等技术的堆叠与拼接。工业互联网安全一定要结合区域工业企业分布、大型企业业务架构、网络架构，进行区域定制化、行业定制化，并深入到工业行业中，进行融合创新。

（四）持续投入、持续运营

工业互联网安全要伴随工业互联网的进步而不断提升，要伴随工业互联网产业的发展，形成针对性的安全生态，要加快安全企业之间的战略合作步伐，加大对中小安全企业的投资建设，带动工业互联网安全产业生态链上下游企业的联动，夯实工业企业网络安全底板，助力工业互联网高速发展。

未来，奇安信将在坚持技术创新、增强产品能力的同时，持续加大投入，发挥龙头企业的带头作用，将安全能力对外辐射给更多合作伙伴，并践行合作共赢的发展理念，共同完善工业互联网安全生态，为“中国智造”保驾护航。

关于工业互联网数据安全解决思路的探讨

（朱立锋　中国电子总经理助理、中电工业互联网有限公司董事长）

当前，新一轮科技革命和产业变革迅猛发展，工业互联网作为新一代信息技术与制造业深度融合的产物，作为以数字化、网络化、智能化为主要特征的关键基础设施，日益成为新工业革命的关键支撑，对未来工业的发展产生了全方位、深层次、革命性影响，对推进制造强国和网络强国建设，建设社会主义现代化强国具有重大意义。

本文在对工业互联网数据安全的发展现状、存在的问题进行深入分析的基础上，提出了解决工业互联网数据安全问题的基本思路。

一、发展现状

当前，社会各界围绕法律、制度、标准、技术等领域对工业互联网数据安全展开热烈讨论、积极探索，并取得了阶段性成果。

（一）法规政策加速完善

继《中华人民共和国网络安全法》发布以来，《中华人民共和国数据安全法》《中华人民共和国个人信息保护法》也相继发布，数据安全立法和法律实践稳步推进。具体到工业互联网领域，有关部门也相继发布了一系列政策文件，为开展工业数据的分类分级、管理能力评估、有序共享、治理与防护等相关工作提供了政策指导。

（二）标准建设稳步推进

2021 年 12 月，《工业互联网安全标准体系（2021 年）》正式发布。该标准体系包括分类分级安全防护、安全管理、安全应用服务等 3 个类别 16 个细分领域以及 76 个具体方向。此外，在数据安全领域明确发布的一系列标准，为切实发挥标准规范引领作用，加快建立数据安全分类分级管理制度，强化工业互联网企业数据安全防护能力，推动工业互联网产业高质量发展起到了重要支撑作用。

（三）安全能力持续提升

"产、学、研、用"各界围绕着工业互联网数据安全的基础通用技术、数据安全管理技术、数据安全防护技术以及涵盖数据的产生、传输、存储、处理、使用及销毁等数据全生命周期的数据流转安全开展理论研究和技术攻关。随着区块链、多方安全计算、联邦学习以及数据沙箱等数据安全技术的快速发展，以及以接入认证、访问控制、权限管理、网络隔离、数据加密、数据脱敏、数据备份和恢复等为代表的主要技术手段的日趋成熟，"数据可用不可见""数据不动程序动"等正在从理念变为现实。

二、面临问题

随着工业互联网的迅猛发展，其沉淀的数据体量不断增大，种类不断增多，结构也日趋复杂，并逐渐向海量、多维和双向流动发生转变。随之而来的数据安全问题也日益凸显，主要表现为数据泄露、非授权访问、用户信息泄露等方面。

当前，工业互联网数据安全形势严峻，具体表现在以下几个方面。

- **网络攻击方式新型多样**

暴力破解凭证、勒索攻击、撞库攻击、漏洞攻击等新型攻击方式层出不穷，针对电力、能源、航空、医疗等重点领域的工业互联网的攻击事件大幅增加，导致相关企业内部的重要数据、敏感信息频频泄露，工业互联网数据安全面临严重威胁。

- **数据黑市交易触目惊心**

以暗网数据交易、精准诈骗、撒网式诈骗等为主要特征的网络犯罪活动日趋规模化、组织化、集团化。随着工业企业在上云、工业App培育方面的加速，海量工业数据向云平台汇聚，形成高价值的数据资源池。这些工业数据成为犯罪集团牟取利益的窃取目标。

- **数据安全风险日益加剧**

随着工业领域向互联开放发展，新一代信息技术的广泛使用，相关设备、平台、系统和应用实现的在线化、网络化，以及供应链、物流链的高度协同，潜在的风险敞口日益增多。再加上工业互联网跨设备、跨系统、跨厂区、跨地区互联互通的特点，数据全生命周期各环节的安全防护的时效性、复杂性也越来越高，所面临的挑战也持续增加。

我国在工业互联网数据安全管理方面也存在一些不足，具体如下。

- **工业互联网数据安全责任体系尚未建立**

主管部门、工业企业、工业互联网基础设施运营单位、工业互联网平台企业、工业互联网供应链（一般包含制造商、上下游供应商、零售商以及消费者）、物流链（包括海关、进出口商、物流企业）等多方主体在保护工业互联网数据安全方面的权责义务还不够清晰，工业互联网数据安全保护要求难以落实到位。

- **工业互联网数据安全管理理念落后缺位**

生成工业互联网数据的企业的安全意识较为薄弱，数据安全管理理念落后甚至缺位，尚未形成能有效处理工业互联网数据安全与数据流通核心矛盾的全局性、整体性、战略性数据安全核心理念，工业互联网数据安全防护缺少科学的理念指导。

- **工业互联网数据安全技术能力亟待加强**

数据安全核心技术产品的研发不够，在面对新型攻击时，防篡改、防窃取、防泄露的安全核心技术能力还不足，产业支撑力不强。工业互联网数据安全风险发现、实时告警、防护处置等能力建设还需进一步提升。

三、解决思路

与传统的互联网安全相比，工业互联网安全具有三大特点。一是涉及范围广，网络攻击面持续扩大，可直达生产一线。二是造成的影响大，一旦发生安全事件，影响相当严重。三是企业防护基础弱，整体安全保障能力有待进一步提升。

因此，对工业互联网而言，安全是保障，要坚持系统思维，从制度、管理和技术等方面构建统筹协调、科学高效的数据安全体系，促进数据的安全流通与高效配置。

1. 贯彻落实数据安全法律法规

坚持依法治理，全面贯彻落实国家发布的法律、政策，以及行业标准，并结合行业与企业实际，制定数据安全保护实施方案和工作机制，强化制度执行，全面提升工业互联网数据安全保护的法治化水平。

2. 建立健全数据安全组织体系

建立健全权责明晰、分级管理的数据安全监督管理体系。明确工业互联网数据安全各主体的“责权利”，研究制定数据分类分级管理规范，将数据安全保护和监管管理要求融入工业互联网研发设计、生产制造、供应链管理和物流管理等多种场景，以高质量的数据安全保护确保工业互联网产业链、供应链、物流链的安全稳定，防范数据跨境流动风险。

将工业互联网数据安全融入数据采集、传输、存储、使用等全生命周期的各个环节。在数据采集阶段，要保证数据的完整性、准确性和机密性。在数据传输阶段，要做好传输主体及节点的身份鉴别和认证。在数据存储阶段，要做好数据存储加密、数据备份和恢复等工作。在数据使用阶段，要做好数据访问控制和权限管理。

3. 建立自主可控的先进技术体系

聚焦工业互联网数据安全需求，采用自主可控的信创产品建设高安全标准的数据要素金库和数据要素操作系统，归集并存储核心数据和重要数据，为数据的生产开发与流通提供支撑，实现数据的安全流通与高效配置。

05 第5章 数据安全

关于构建数据安全生态圈的研究与实践

（曾令平 绿盟科技集团股份有限公司）

2020年4月9日，《关于构建更加完善的要素市场化配置体制机制的意见》（以下简称“意见”）发布。该“意见”将数据归为新的生产要素，与土地、劳动力、资本、技术等传统要素并列。而在“十四五”规划的征求意见稿中，“数据”一词出现了60余次。可以说，数据是国家基础性资源和战略性资源。

当前，数字化转型如火如荼，关于数据安全的方方面面，在经过近年来的发展后，已逐渐趋于成熟。借此契机，本文通过提出“关于构建数据安全生态圈”的构想，对数据安全进行研究和实践。本文从企业或组织的角度出发，确定其内容框架以及各个指标，从而为读者提供直观了解数据安全各层级的落地执行路径。

一、引言

（一）安全态势

数字化转型的步伐在不断加快，但这也产生了一系列安全问题。越来越多的网络安全问题聚焦成为数据安全问题，随之而来的则是数据泄露事件频频发生。有数据显示，2020年前3季度数据泄露的总数达到360亿条，是2019年全年泄露数量的两倍。

当前，数据垄断、数据滥用、数据过度披露与共享等新型问题也进入研究和管理视野。

（二）政策热点

数据合规领域的“强监管”模式是全球的发展趋势，美国、欧盟、中国等陆续出台的重要政策和执法措施越来越聚焦“数据安全”和“隐私保护”。

欧盟发布的《通用数据保护条例（GDPR）》列举了较为全面的个人信息权利，包括知情权、访问权、删除权（被遗忘权）、更正权、可携带权等。美国加利福尼亚州发布的《加州消费者隐私保护法案（CCPA）》为加利福尼亚消费者提供了各种隐私权限。

我国发布的《中华人民共和国网络安全法》进一步明确了对网络数据和个人信息保护的要求。《中华人民共和国民法典》则设立了专章来规范隐私权和个人信息保护，个人信息权益的私权地位正式得到立法确认。

2020年，一系列国家法律法规被正式发布、征求意见或实施。这些法律法规对数据商业化利用与公民个人信息的保护关系进行了规则约束，以此保护关键信息基础设施和公民个人信息安全，维护国家安全和公民合法权益。这些法律法规对蓬勃发展的信息化和数字化起到了极大的推动作用。

（三）行业动态

随着国家政策、法律法规的日渐完备，传统安全企业的布局正在悄然发生转变，网络基础设施建设主体也逐渐成为新生力量。比如互联网头部企业开始布局网络安全领域，网络安全厂商、电信运营商、设备厂商以及一些新生的独角兽企业，都不同程度地聚焦于5G安全、数据安全、安全合规等前沿热点领域和方向。

随着新基建不断发展以及数据开放的齿轮不断加快，在合规的前提下，数据业务所带来的价值是巨大的。而在实际应用中，智慧城市、智慧医疗、智能配送等，都在运用大数据分析技术。数据价值已成为一种新常态。

二、构建数据安全生态圈

随着国内外一系列法律法规的制定与实施，数据安全的需求和驱动力发生了根本性的改变。本文将其分为两个阶段：数据安全1.0阶段（数据安全建设无合规性需求）、数据安全2.0阶段（数据安全建有合规性需求）。

在数据安全2.0阶段，企业或组织机构开展数据安全治理与建设的驱动力有3个：合规驱动、风险驱动、业务驱动。其中，数据合规性已经成为最为重要的驱动力。在企业或组织机构的合规视角下，本文将从构建数据安全生态圈基本框架以及各层级的基本内容出发，并结合实践经验提出企业或组织机构数据安全建设的执行路径。

在数据安全生态圈基本架构的建设上，本文提出“一个中心、二个循环、三个体系、五个关键、八大路线”的顶层设计。

一个中心是指以数据安全防护为中心；二个循环是指内循环和外循环；三个体系是指管理体系、技术体系、运营体系；五个关键是指顶层数据安全标准的制定、组织建设与人员能力支撑、数据安全管理基线标准化、工具定制开发与自主创新、数据安全一体化安全运营；八大路线是指数据安全建设的8个方面：协调战略、制定行动计划、多方沟通、启动基线控制、策略执行与下发、监测与创新、安全运营、评估和优化。

三、数据安全生态圈构成的研究

（一）一个中心

《信息安全技术 数据安全能力成熟度模型》（GB/T 37988-2019）（以下简称DSMM）以数据为中心，重点围绕数据生命周期，从组织建设、制度流程、技术工具和人员能力方面给出了组织数据安全能力的成熟度模型架构。基于此，本文从企业或组织建设视角出发，提出“一个中心”（即以数据安全防护为中心）的建设目标，并围绕数据处理活动展开安全防护，实现双循环。

（二）二个循环

两个循环可解释为内循环和外循环。内循环指的是企业或组织需选择适合自身的数据安全建设体系，从管理、技术、运营等不同维度出发，以求不断获得相对安全。企业或组织先练好内功，才能进一步对外开放，实现外循环。

而外循环则建立在内循环的基础上，指的是随着数字产业化的不断发展和完善，企业或组织的数据业务通过合法合规的流动从而产生价值，为企业或组织带来数字红利。

（三）三个体系

不管是“三分技术、七分管理”也好，还是“七分技术、三分管理”也罢，抑或是DSMM的能力成熟度模型，都透露着“管理和技术不分家，两者需要相辅相成”的理念。而随着管理和技术的不断融合，此时便需要持续运营，不断优化调整，以实现持续自适应的数据安全防护能力。

对于不同数据的责任主体，数据安全体系建设的工作目标和侧重点也有所不同。本文参照工业和信息化部制定的《电信和互联网行业数据安全标准体系建设指南》、DSMM等标准，借鉴行业最佳实践，针对企业或组织提出建设“管理体系、技术体系、运营体系”三足鼎立的数据安全体系。

1. 管理体系

从数据安全体系建设的管理视角出发，对政策法规、标准规范及行业主管部门的管理要求进行解读。管理体系设计主要从组织建设、管理策略与制度、管理流程和能力认证 4 个维度进行横向扩展，然后再对每个维度进行纵向细分，形成可落地执行的数据安全管理体系，如图 1 所示。

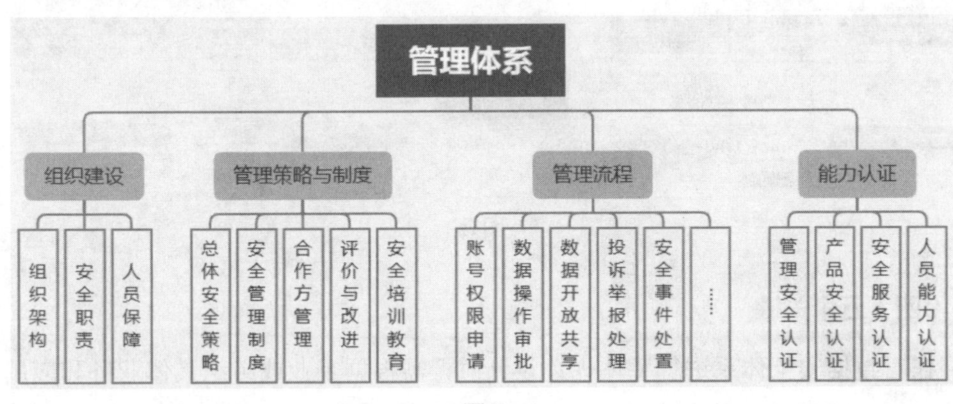

图 1

2. 技术体系

沿着管理体系设计思路，数据安全技术体系是数据安全实践工作的保障条件，也是数据安全管理的辅助手段。为此，需要从数据采集、传输、存储、处理、交换、销毁等全生命周期出发，综合企业或组织所有安全域进行整体规划和实现。其中需要具备的技术手段和工具包括但不限于身份认证、访问控制、安全审计、异常行为监测预警、数据加密、数据脱敏、数据防泄露等数据安全技术，如图 2 所示。

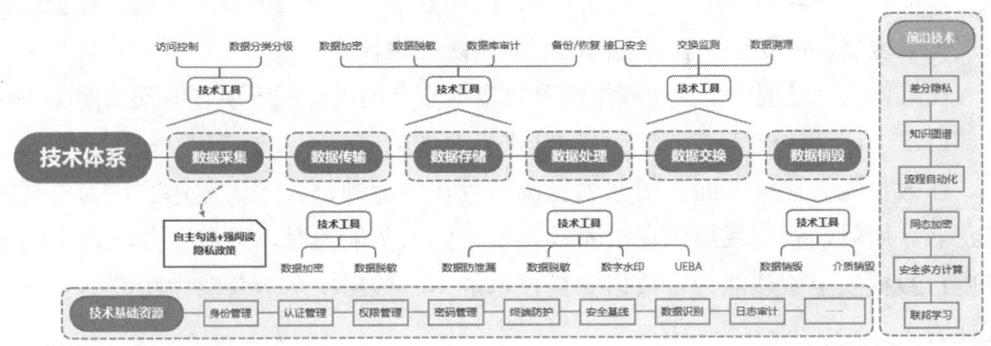

图 2

3. 运营体系

数据安全体系建设是一个长期持续的过程，需要在企业或组织内持续性地落实数据安全的相关制度和流程，并基于企业或组织的业务变化和技术发展不断进行调整、优化。安全是一个不断螺旋上升的过程，因此需要做好数据安全运营工作。而运营体系的设计由浅入深地分为4个层级：数据监测、常态管控、风险预警、持续改进，如图3所示。

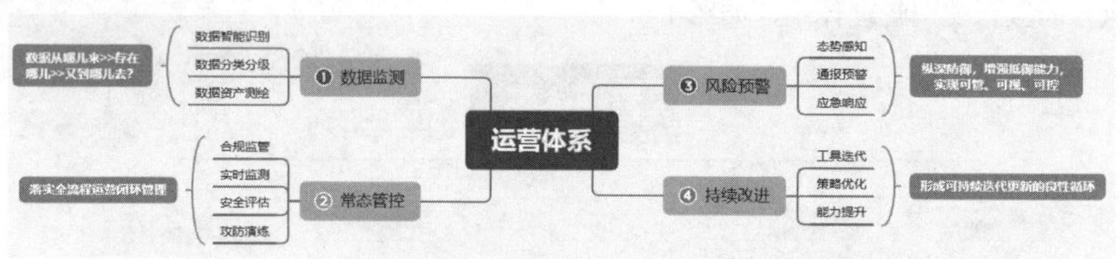

图3

（四）五个关键

在对数据安全体系进行整体规划设计时，需根据企业或组织具体业务和应用场景等进行合理建设。在此过程中，则需特别注意以下5个关键点。

1. 顶层数据安全标准的制定

数据安全标准的制定遵循层级式设计理念。需依据政策法规、标准规范和行业要求，结合实际业务需求，制定数据安全管标准四级框架，从而形成一套完整的、可操作的管理制度和管理流程，确保数据安全工作有法可依、有规可循。

2. 组织建设与人员能力支撑

数据安全管理首先要成立专门的数据安全管理的组织机构，以明确数据安全管理的政策、负责落实和监督的责任主体，确保数据安全管理的有效落实。可按照决策层、管理层、执行层、监督层的组织架构进行设计。

在具体执行过程中，企业或组织可将数据安全的工作赋予现有的安全团队或相关部门，也可以寻求第三方的专业团队进行合作。

在人员能力支撑方面，国家主管部门也在统筹制定人才认定标准，为安全人员正名。所以，企业或组织在培养数据安全的人员能力时，可着重关注以下几个维度：数据安全管理能力、数据安全技术能力、数据安全运营能力和数据安全合规能力。

3. 数据安全管理基线标准化

数据安全管理基线（以下简称“数据安全基线”）也可以理解为数据安全管理要求，指的是企业或组织（及其相关平台）在开展数据处理活动时应该遵循的原则和安全保护要求，包括组织保障、制度建设、规范与流程建立等管理性要求，规范执行相关的配套技术性要求，以及安全运营的可持续性要求。

数据安全基线的标准化势在必行。

4. 工具定制开发与自主创新

多年以来，国内外大环境的不断变化为信创产业的诞生创造了绝佳的时机。信创产业是数据安全、网络安全的基础，也是新基建的重要内容。无论是网络基础设施建设主体、设备厂商、安全厂商，还是各企业或组织，都需要有自主创新思维和研发能力，从而构建起自己的产业标准和生态，逐渐摆脱西方国家的技术限制。

5. 数据安全一体化安全运营

前面提到，数据流动才能产生价值。而数据安全有效地流动则需要通过建设数据安全一体化安全运营机制来保障。2021 年 2 月，Gartner发布的十大数据和分析趋势之一便是XOps（数据、机器学习、模型、平台），其目标是运用DevOps的最佳实践实现效率和规模经济，在保证可靠性、可重用性和可重复性的同时，减少技术和流程的重复并实现自动化。总而言之，XOps可使企业机构通过数据和分析的运营化来推动业务价值的实现。

2021 年 3 月，绿盟科技正式发布智慧安全 3.0 理念体系。该理念体系提出以体系化建设为指引，构建“全场景、可信任、实战化”的安全运营能力，达到“全面防护、智能分析、自动响应”的防护效果。

可以看到，数据安全一体化安全运营已不再遥远，将其形成体系化的、安全有效的实施，将逐渐成为一种新趋势、新业态。

（五）八大路线

那么，本文构建的数据安全生态圈如何有效落地并实施呢？从整体来看，每做一件事情，我们都要先做好计划，然后实施，并在实施中进行复核检测，以提升改进。这个过程循环往复，以阶梯式完成，形成一个循环。

结合企业或组织实际数据业务和应用场景，这里提出了八大路线，即建设两个类循环模式，也即“技管并重、分级防护、集中运营、循序渐进”的两条逻辑链路，最终形成完善的、有效衔接的、响应及时的和运转高效的数据安全生态体系。

四、数据安全KPI指标体系实践

近年来，我国不断出台数据安全和个人信息保护法律、法规和相关政策。那么，企业或组织如何根据政策法规及标准规范实现数据安全与业务发展的相互结合和兼顾呢？

接下来，本文将从数据安全KPI指标体系设计入手，进一步分析数据安全体系建设可落地执行的路径（包括KPI指标体系模型、总体框架等），作为本次数据安全生态圈研究的实践之路。

（一）KPI指标体系模型

目前，无论是在国家层面还是在行业实践上，都暂未形成带有考核性质的数据安全KPI指标体系。本文从保障数据安全的持续优化改进的角度出发，同时参考智慧城市行业有关指标体系标准，以及近期中国互联网协会发布的《数据安全治理能力评估方法》（T/ISC-0011-2021）团体标准，拟在规划数据安全体系建设全景图的基础上，从数据安全管控落地的视角，研究设计符合企业或组织管理和技术特点的数据安全KPI指标体系模型。该模型主要由能力类指标、成效类指标和运营类指标组成，如图4所示。

图4

（二）KPI指标体系总体框架

根据图4中的数据安全KPI指标体系模型，数据安全KPI指标体系总体框架设计如图5所示。

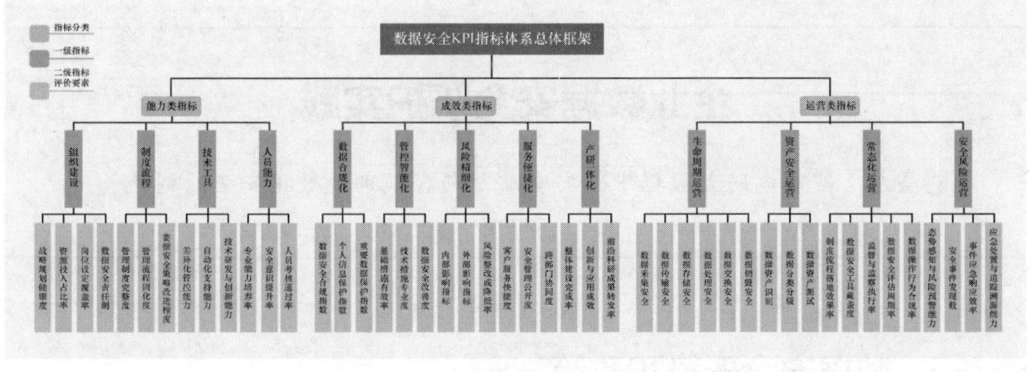

图 5

在数据安全KPI指标体系总体框架中，能力类指标、成效类指标及运营类指标所涉及的各个方面均作为一级指标，每个一级指标下包含若干二级指标评价要素，每个二级指标评价要素代表对一级指标中某一个侧重面的考量依据。各分项制订中可根据领域特性和需求，参考二级指标评价要素确定相应的二级指标项。总体而言，总体框架共包含 13 个一级指标、46 个二级指标评价要素。同时，二级指标评价要素可根据当年政策法规及企业或组织自身要求进行动态变化，以适应数据安全与业务的健康发展。

五、总结与展望

2021 年是“十四五”开局之年，也是构建数据新秩序的开篇之年。国家层面既对数据安全和个人信息保护领域制定立法依据，也对安全人才培养和认定、安全意识提升等提供认证和渠道，这对整个数据领域的规范起到了很大推动作用。而在有条不紊地推进数据安全生态圈的落地实施的同时，应将数据安全与健康发展、维护用户合法权益等作为企业或组织必不可少的内容，确保数据合法有序地流动、共享、交易，积极推动自身数字化转型升级和业务增长。

企业数据安全防护实践

（刘圣龙 国家电网大数据中心安全质量与合规部大数据安全处副处长）

一、数据安全形势和政策

（一）数据成为重要生产要素

在数字经济时代，数据成为重要的生产要素与核心资源。2020年4月9日，中共中央、国务院发布的《关于构建更加完善的要素市场化配置体制机制的意见》中，首次将“数据”与土地、劳动力、资本、技术等传统要素并列为要素之一，提出要加快培育数据要素市场。

当前，数据应用的场景越来越多，应用的范围越来越广泛，数据应用的价值也日益凸显，成为支撑数字新基建、能源互联网的基础条件。深刻认识数据资源的重要意义，深挖数据价值，释放数据潜能，加快推进以数据为核心的数字化转型已是大势所趋。

（二）数据泄露事件日趋频繁

当前数据环境更加开放，数据流动更加频繁，交互对象更加复杂，同时，数据的重要性也日益提高，极大增加了数据暴露面。而且，可通过买卖欺诈等手段轻松获取数据，因此降低了犯罪成本。

同时调研也发现，由于人为错误、系统故障，以及在面临一些攻击时，企业的数据泄露的可能性非常大。对于许多企业来说，一旦发生数据泄露，造成的直接经济损失会很大。而企业要想恢复数据，甚至发现这些行为，往往都需要很长的时间。

（三）网络攻击威胁及技术日新月异

伴随网络攻击技术与手段的迅速发展，网络攻击的针对性、持续性、隐蔽性显著增强，数据获取成为网络攻击的主要目的。

当前的网络攻击主要呈现以下几个特点：

- 网络攻击军事化、武器化趋势加速；
- 关键信息基础设施攻击频繁化；
- 高级可持续威胁常态化；
- 大数据成为攻击显著目标。

（四）国家法律法规要求趋严

随着网络安全形势越来越严峻，我国也深刻认识到数据安全治理是维护国家安全的一个必然要求。《中华人民共和国数据安全法》的发布和实施完善了我国数据安全治理体系的重要版块，构建了全新的数据安全法律保障屏障。

二、数据安全体系建设

（一）原则及目标

结合目前的网络安全形势，需要在遵循“依法合规、智能防御、可管可控、可审可溯”的原则下，坚持业务场景的全覆盖、业务过程的全监测、安全管控的全流程、人员管控的全到位、安全防护的全周期（“五全”思路），以构建数据安全防护架构，提升数据安全防护水平，促进数据安全流动共享，保障数据业务安全稳定运行。

在此，我们将数据安全体系分为一个目标、两个遵循、三个维度、四项原则、五全思路、六个环节。其中，一个目标是指以数据安全流动共享为目标。两个遵循指的是遵循国家法律、公司管理规范。三个维度指的是管理、技防、支撑。四个原则就是依法合规、智能防御、可管可控、可审可溯。五全思路就是全覆盖、全监测、全流程、全到位、全周期。六个环节就是指数据的全生命周期——数据采集、传输、存储、处理、交换、销毁环节。

（二）总体架构图

结合这几个维度，我们也做了防护体系的一个框图（见图1）。顶层就是国家级、公司级的一些管理规范。然后是与管理措施（涉及组织架构和安全管理）相关的一些制度标准、规范流程。再然后是技防措施，其中涉及数据安全全生命周期的一些技术要求、基础的网络安全防护以及数据合规等。最后是支撑保障，包括人员保障（人员分类、培训宣贯、人员权限、离岗离职）和运营保障（安全监测、安全审计、资产管控、安全审查、安全督查、应急响应等）这一系列的工作。

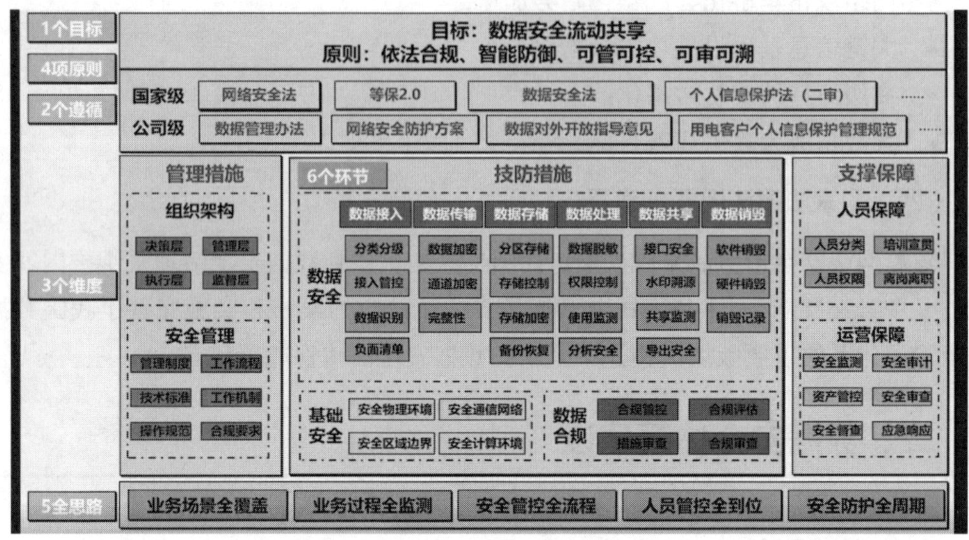

图 1

三、数据安全工作实践

根据前述的整体防护框架，我们在国网大数据中心进行了落地实践，并开展了一系列的数据安全防护工作。

（一）健全数据安全合规管控

落实国家法律法规要求，参照国家数据安全标准，建立覆盖全面、业务协同、上下贯通的数据安全合规管理体系。重点完善网络和数据安全管理制度，建立数据安全管理机制，强化个人信息保护，做好业务合规保障，为数据业务发展保驾护航。

首先就是完善各类管理制度，结合国家及公司的数据安全要求，制定数据安全管理办法、数据接入和处理要求、数据安全红线等数据安全专业管理制度，明确数据全生命周期合规要求，降低数据业务安全合规风险。

其次是建立管理机制，根据中心业务发展需要，重点构建合规审查、合规评估、流程审核等工作机制，强化业务与安全协同、管理与技术联动，突出数据业务安全合规管控。

然后是强化个人信息保护，结合公司实际业务，紧跟国家要求，强化个人隐私保护，对个人隐私保护进行专题研究。

最后是做好业务合规保障，明确数据产品和数据服务的通用合规要求，形成《数据产品发布合规通用要求》、《数智国网合规经营注意事项》等数据合规指南。

（二）优化数据管理机制和策略

落实三同步（同步规划、同步建设、同步使用）原则，完善网络和数据安全工作机制，优化安全策略，强化业务与安全协同、管理与技术联动。

按照三同步的原则，继承网络安全原有的等保、网络安全审查、风险评估、威胁情报分析、应急管理等机制。在这个基础上，我们做了一些与数据安全、数据业务相关的一些合规审查、合规评估流程、监测等工作，优化了安全策略（见图 2）。

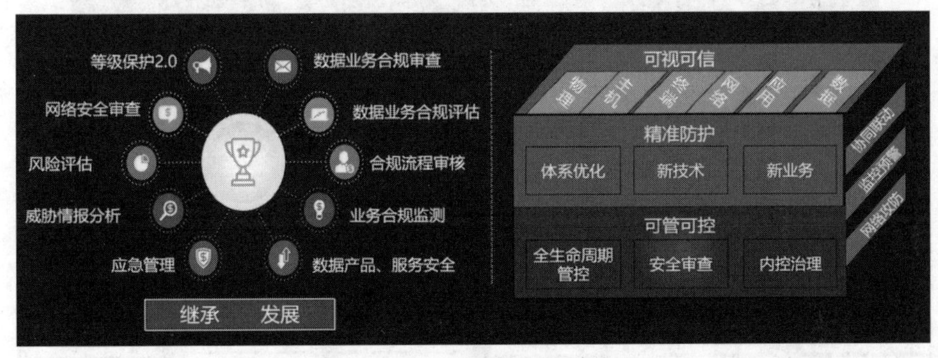

图 2

（三）构建安全合规的数据管控流程

因为数据业务、数据安全还是要服务于整个业务场景，需要贴近业务去支撑业务，所以我们构建了数据安全的合规管控流程，实现不同人员角色的协同管控，将数据安全的一些管控流程在线上实现。同时，在业务流程中嵌入了一些安全能力，让它可以在业务流程申请过程中按需调用、灵活配置各种安全能力，最终实现管理和技术的融合。

线上和线下的融合解决了一些具体的问题。比如，虽然数据分析人员、数据使用人员对安全不了解，但这样的流程仍能让他们方便地使用数据（见图 3）。

（四）构建全生命周期技术保障

结合数据安全管理能力成熟度模型，我们针对数据全生命周期制定了各类风险应对的能力（见图 4）。其中，在数据采集环节，对数据进行分类分级，并通过敏感数据的识别给数据打上安全的标签；在数据传输过程中，对数据和通道进行加密，并进行防泄露处理；在数据存储过程中，对数据存储进行加密和备份；在数据使用过程中，进行数据风险识别、动态脱敏、静态脱敏、数据库审计、数据权限控制，数据防泄露等处理；在数据交换环节，进行身份鉴别、数据动态及静态脱敏、数据水印溯源、数据接口安全等操作；而在数据销毁流程中，则对剩余信息进行保护，并对销毁的数据进行记录。

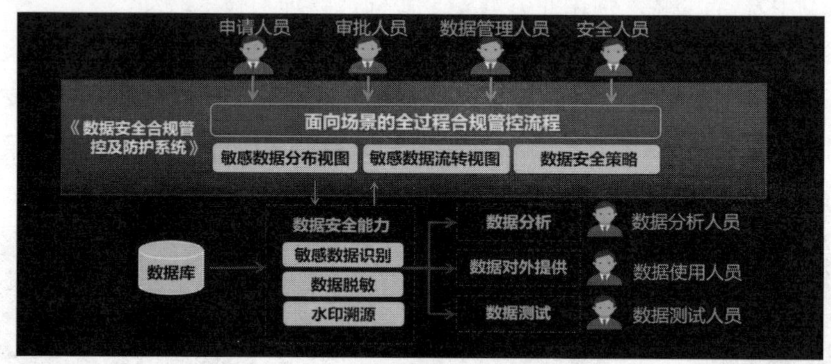

图3

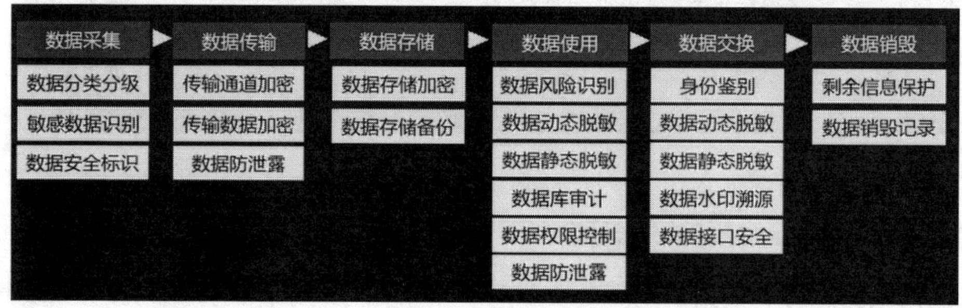

图4

（五）打造数据安全合规管控平台

采取“微服务、轻部署”架构，并通过标准化的安全能力调用接口，集成各项数据安全能力，将其独立使用或提供给第三方调用。还可可根据实际业务需求，灵活集成第三方数据安全服务，充分利用先进成熟的数据安全技术和理念，打造包容的数据安全生态。这样也就解决了数据应用、数据服务、数据安全的问题。

（六）全面提升态势感知能力

无论是网络安全还是数据安全，态势感知能力非常重要，因此我们建立了全天候、全方位的网络安全态势感系统。这个系统包含网络安全、系统安全、应用安全、数据安全、终端安全、应用安全，可以全方位地智能识别威胁、智能联动处置、智能态势预测，做到安全资产看得见、安全风险看得准、安全危险看得深（见图5）。

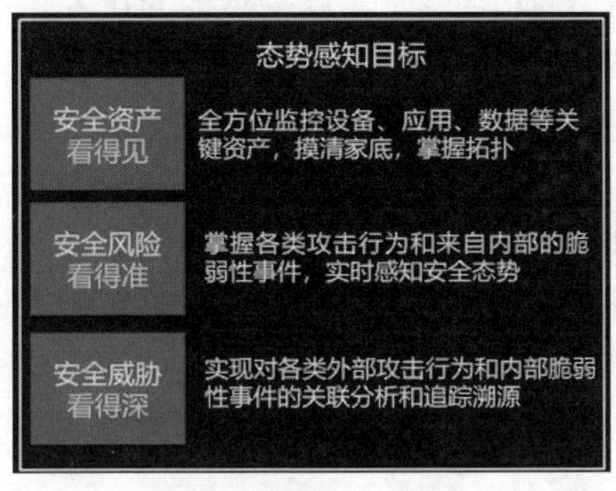

图5

（七）建立全面运营保障工作机制

针对数据安全方面，我们做了很多运营保障相关的工作，包括数据安全监测、数据安全审计、数据安全评估、数据安全审查、数据安全督查等，以实时优化数据安全管控与技术防护的能力。

数据安全监测指的是对一些数据业务进行全量的监测，并把基于业务风险控制的模型配置到监测的模型中。数据安全审计就是对数据使用的所有过程（包括账号和进行的操作）进行事后的审计，以发现一些异常行为。数据安全评估则是结合《中华人民共和国数据安全法》的要求，开展以数据安全为核心的一些风险评估工作。数据安全审查就是在传统审查的基础上，对与数据安全相关的内容进行专门的审查。数据安全督察就是查看某些安全管理的要求在工作过程中的落地情况，如果发现问题则进行闭环整改。

（八）创新数据安全新技术应用研究

为挖掘数据价值，促进数据安全高效共享，可利用区块链技术解决多主体参与下数据隐私协同计算、共识效率较低的问题。此外，还可以利用联邦学习、多方安全计算等技术进行多方数据安全协作，在密态环境下共同计算以实现数据的高效利用，且数据不出本地，从而同时满足了数据隐私、安全和监管的三重要求。

四、展望

未来，电力数据发挥价值的空间巨大，一方面可服务于国家治理，另一方面还可以辅助国家电网经营决策，促进社会经济发展和民生福利。但是，在使用电力数据开展工作的同时，我们必然面临如何根据实际场景来处理、平衡数据的可用性与数据安全的矛盾。

依托于国家发布的相关法律法规，我们将始终秉承依法依规、合作共赢的理念，与业界同仁协同推进数据安全治理，共同打造大数据安全产业生态圈，积极推进数字经济健康有序发展。

数字安全与网络安全三元论

（李少鹏 北京数字世界咨询有限公司）

有关电子信息的安全对抗概念，最早出现在 20 世纪的两次世界大战时期，当时是针对无线通信的加解密对抗。早在“网络”这一概念诞生之前，密码技术作为网络安全的前身和起源，就已经纳入国家安全的范畴。密码技术至今也是网络安全体系最为重要的基础支撑。

自 20 世纪 80 年出现计算机病毒以来，随着个人计算机、网络与信息系统的普及，网络安全产业分别经历了计算机安全时代、信息安全时代（包括信息安全与IT安全）和网络空间安全时代。而随着全球数字化经济和物联网时代的到来，网络安全的概念正在向数字安全的概念转化。

一、网络安全的演进

（一）计算机安全时代（20 世纪 80 年代后期至 21 世纪初）

1986 年，出现了第一个个人计算机上的病毒，称为Brain。该病毒由来自巴基斯坦的两兄弟开发，并借助于盗版医疗软件进行传播。

这一时期，也兴起了一批国内外防病毒厂商。国内最早的杀毒产品是直接安装在计算机主板上的病毒卡，之后则产生了以特征库、黑名单技术为支撑的单机杀毒软件和网络杀毒软件。

在计算机安全时代，安全的关注重点是计算机设备本身，包括硬件和操作系统，以及存储其上的电子数据。

（二）信息安全时代（2003-2013 年）

信息安全时代实际上包括了两个主要的概念：信息安全与IT安全。信息安全指的是信息内容层面的安全，如信息保密、不良信息治理等。而IT安全则涉及信息系统的安全。

随着个人计算机和互联网的普及，网络访问的需求快速提升。与此同时，门户网站和企业信息化的发展速度也在加快。安全的关注点开始从计算机设备本身走向基于网络连接的信息系统。

（三）网络空间安全时代（2014–2020年）

2013年，“棱镜门”事件的出现引起世界各国政府对网络安全的重视。网络空间安全（Cyber Security）的概念开始得到更多人的认可和接受（见图1）。

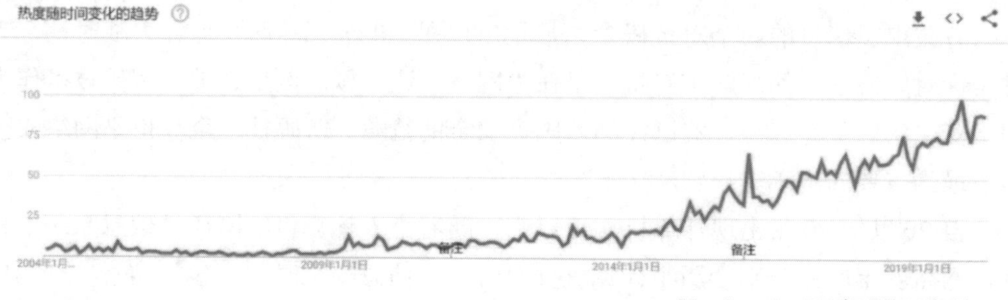

图1

网络空间概念的核心在于网络连接一切，即把所有电子设备通过有线或无线网络连接在一起，以达到通信与控制的目的，从而形成贯穿陆、海、空、天四大空间的第五空间。

网络空间安全也简称为网络安全，这不仅意味着网络与信息系统本身的安全，还意味着所有与之连接的保证社会正常运转的所有基础设施的安全。

以上各个时期的安全概念的内涵，均有交叉、扩展和覆盖，按照现在的通用习惯统称为网络安全。

（四）数字安全时代（始于2021年）

在2021年的政府工作报告中提到，要加快数字化发展，打造数字经济新优势，协同推进数字产业化和产业数字化转型，加快数字社会建设步伐，提高数字政府建设水平，营造良好数字生态，建设数字中国。

数字政府、数字中国、数字经济、数字世界的安全，即数字安全。如果说数字世界的两大特征是万物互联和数据驱动，那么以网络安全为基础手段，以数据安全为核心目的，就构成了数字安全的概念。

↘ 二、网络安全三元论

基于网络安全的本质和特性，北京数字世界咨询有限公司（以下简称“数世咨询”）在2020年提出网络安全技术产品的分类方法论：网络安全三元论（以下简称三元论）。

三元论认为，网络安全技术产品的三大支点为信息技术、业务应用和网络攻防。

信息技术是网络安全的起源。有了电子通信才有电子对抗；有了计算机、操作系统、数据库、应用程序，才会有系统安全、数据库安全、应用安全；有了云计算、移动互联网、工业互联网，才会有云安全、移动安全和工业互联网安全的概念。简而言之，没有网络就没有网络安全。

业务应用是一个企业或组织生存发展的根本前提，信息技术是为业务需求服务的。基于产品设备或技术方案对信息系统进行保护，并非网络安全的最终目的。更好地服务数字化业务的需求，为数字经济的发展赋能，保卫国家安全，这才是网络安全的根本目标。

网络攻防的逻辑本质是对抗，对抗意味着没有无往不胜的攻击，也没有牢不可破的防御。道高一尺，魔高一丈，循环往复，永不休止。因此，动态性、相对性、整体性、开放性等理念是做好网络安全的方向指引。基于“人、平台、工具、管理、流程”五要素进行持续安全运营，从而达到安全保障与业务发展的动态平衡理念正在成为业界共识。

因此，基于三元论的三大支点（信息技术、业务应用和网络攻防），以及上文中提到的以网络安全为基础手段，以数据安全为核心目的，就构成了数字安全的概念（见图2）。

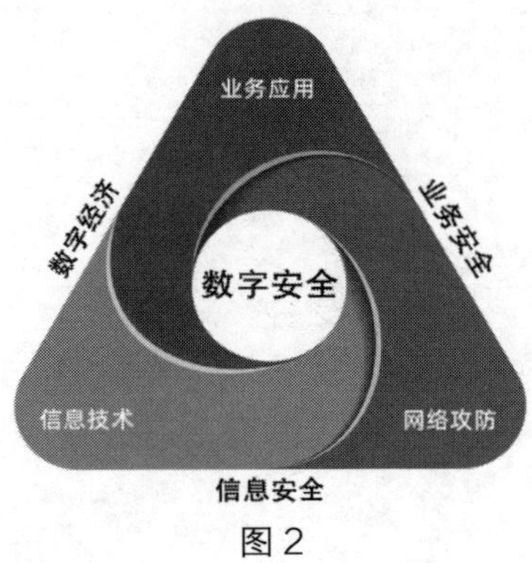

图2

三、合规永远是安全产业的第一驱动力

网络安全与消防安全、食品安全、公共安全等安全领域类似，有着公共属性或社会属性。因此，如果发生安全事件，后果往往不只是自身利益受损，还会连带他人乃至社会。因此，国家、政府、行业的监管必不可少，国家层面的政策法规的指引监督必不可少。

网络安全关系国计民生，关系国家安全，如同教育医疗、消防治安等领域，未来必定会走向国有化，形成国家引导、民营创新、共同运营的格局。

但“合规是第一驱动力”并不意味着对技术的忽略，数字经济的健康良性发展离不开数字安全的保障。只有不断地创新和实践，安全才能成为经济发展的润滑剂，而不是绊脚石。数字经济这趟高速列车，才能在将来的数字世界里安全平稳驰骋。

数字化转型需要一杯中国口味的“网络安全鸡尾酒”

（林玉波 奇安信集团战略规划设计院高级咨询总监）

彩虹鸡尾酒，因色彩如彩虹般缤纷绚丽而独树一帜。它的原理是利用比重差异实现分层，进而调制出色彩丰富、多彩多姿的鸡尾酒。调制彩虹酒是一项技术活，必须严格按顺序一层层慢慢调制，才能调成一杯稳定的“七色彩虹”。

如今，数字化转型如火如荼，新技术趋势层出不穷，政企客户却经常在网络安全建设“打基础”和“拔尖子”之间难以兼顾和取舍。奇安信与Gartner联合发布的《数字化转型需要内生的安全框架》，就是结合国际网络安全技术新趋势和国内建设现状，给出的落地建议与参考。

本文基于政企数字化转型的差异化现状，提出了一种兼顾“体系化建设网络安全”及“有效应用安全新技术”的思路。本文通过分析Gartner历年网络安全技术成熟度曲线和趋势预测报告的内容，在内生安全框架的整合下，给出适应我国数字化转型的“网络安全鸡尾酒”调制思路，力求让“打基础”和“拔尖子”两者兼得。

一、乱花渐欲迷人眼，浅草才能没马蹄

当前，全球数字化技术这朵繁花发展不断演进，推动企业利用新技术实施数字化转型。数字化转型的一个重要特征是将各类新老信息化技术与政企生产及管理业务进行结合，促进传统产业向数字化升级，以充分发挥数字要素价值，从而实现降本增效。

数字化转型依赖“云、大、物、移、智”等数字化技术，各类新型数字化平台技术的兴起，在全球构成了一副欣欣向荣的美景。

从网络安全从业者的视角来看，则是看到网络威胁在数字化时代进一步加剧和复杂化。

Gartner在 2020 年就提出，数字经济时代，技术安全人员的短缺、向云计算的快速迁移、法规遵从性要求以及威胁的演变，是当前面临的主要挑战。网络安全攻

击的速度和手段持续增长。攻击者将继续利用各种工具、战术和技术来攻击日益多样化的目标。这都进一步降低了组织预测和防止安全故障的能力。

2021年，Gartner进一步提到面临的其他重大挑战：复杂的地缘政治形势、越来越多的全球法规、攻击环境发生变化，尤其是勒索软件和商业电子邮件的入侵带来的挑战。

网络安全与信息化的发展，以及信息化与业务的深度融合，成为网络安全发展的主脉络。随着信息化对业务的重要性越来越大，相应的安全威胁也逐步升级，合规监管也日趋严格，所以网络安全产业呈现井喷式增长。

（一）2005-2014年：先发展后治理

2005-2014年，信息化开始与业务结合，网络安全随着合规和威胁的升级变得越来越重要。安全问题开始显性化。

在等保合规和应对威胁的驱动下，网络安全产业开始加速，年产业规模开始超过250亿人民币，在这10年间保持两位数的复合增长率。

在这个阶段，网络安全的整体思路是先发展后治理。

（二）2015-2020年：同步发展、同步治理

2015-2020年，随着数字化的全面转型以及信息化与业务的深度融合，信息化与业务不可分离，信息系统的安全与业务稳定运行高度相关。在这个阶段，黑客组织也发现了信息化对业务系统的重要影响，并采用更加高级的手段针对信息化系统进行攻击，比如通过攻击重要系统，窃取关键业务数据或机密信息。

在这一阶段，国家先后出台了《国家网络安全战略》和《中华人民共和国网络安全法》，完成了网络安全的顶层设计，并以《中华人民共和国网络安全法》为核心建立和健全网络安全法律法规、标准规范、监督检查机制等网络安全治理体系。

这一阶段的发展思路是同步发展同步治理，即在信息化发展的同时，开展网络安全治理。

在政策驱动和信息化发展的多重因素的驱动下，网络安全在这几年高速成长。如今，数字化大潮的到来，使得网络安全真正成为一种业务的内在需求，而不仅仅是受政策合规以及乙方卖货的驱动。

不过，时至今日，网络安全这从“浅草”依旧无法完全匹配信息化发展的速度，两者之间依旧存在着不对等的局面，具体包括安全能力与信息化发展水平的不对等、国内外网络安全发展基础环境的不对等，以及国内政企各领域内安全能力建设

和发展阶段的不对等。

相较于国外发达国家，我国的网络安全建设，包括在网络安全基础结构、安全管理、安全运营的成熟度等方面均处于构建和打基础阶段，安全技术的研究和应用情况也存在很大差别。我国网络安全建设既要打基础，又要紧盯国外新技术的发展。这就是我国数字化转型的现实挑战。

（三）2021 年开始：治理先行

2021 年，“十四五”时期到来，数字化开始贯穿于经济社会发展的全领域、各层级，成为国家治理、经济发展和社会运行的核心驱动力。

国家在“十四五”规划中提出数字化发展战略的同时，也提出要统筹安全与发展。2021 年以来，国家先后密集出台了一系列法律法规、政策制度和监管手段，这些法规和手段都是超前的，强调的是治理先行。

从先发展后治理，到同步发展、同步治理，再到治理先行，从信息化视角来看这是网络安全的巨大转折。网络安全迎来了新的发展拐点：对网络安全必须予以同等的投入，才能以确保数字经济有强有力的、不可或缺的安全能力支撑。

当前，我们首先必须转换视角，从业务保障看信息化，从信息化保障看安全，最终实现业务保障视角来看网络安全。其次，我们要转换理念，坚持治理先行，为业务高质量发展营造健康环境。最后，还要转换发展模式，用系统化和工程化的思想来发展以能力为导向的、信息化与网络安全深度融合的建设模式。

二、兰陵美酒郁金香，玉碗盛来琥珀光

在全球日益复杂的网络安全大环境中，Gartner的网络安全研究素来被誉为网络安全行业的一杯“兰陵美酒”，这在一定程度上展示并指引了全球安全市场及技术的方向和趋势，因此受到了业内的追捧。

（一）年度安全与风险：方向与数字经济安全挑战吻合

面对数字化转型的安全新挑战，Gartner早在 2020 年就发布了年度安全和风险趋势。这些趋势强调的是安全生态系统中正在进行、尚未被广泛认识的战略转变，但预计很快将对行业产生广泛影响，并具有巨大的潜力。

到 2025 年，与这些趋势相关的技术和战略将达到成熟水平，为领导者提供有价值的能力，以确保数字化业务的安全。

Gartner在2020年发布的九大安全和风险趋势分别如下。

- 趋势1：扩展的检测和响应功能应运而生，以提高准确性和生产率。
- 趋势2：安全流程实现自动化以消除重复性任务。
- 趋势3：人工智能为保护数字业务计划带来新的安全责任。
- 趋势4：首席安全官将多个面向安全的孤岛汇集在一起。
- 趋势5：隐私安全正成为一种行为准则。
- 趋势6：新的数字信任与安全团队致力于维护消费者与品牌之间互动的完整性。
- 趋势7：网络安全性从对基于局域网设备模型的关注转变为安全访问服务边缘。
- 趋势8：保护云原生应用程序动态需求的全生命周期方法。
- 趋势9：零信任网络访问技术开始取代虚拟专用网络（VPN）。

从这些趋势可以看出，Gartner的研究方向与新出现的数字经济安全挑战及其需求相吻合。

2021年，Gartner继续提出了新的年度安全和风险趋势，分别如下。

- 趋势1：网络安全网格。
- 趋势2：精通网络的领导层。
- 趋势3：安全供应商整合。
- 趋势4：身份优先安全机制。
- 趋势5：将机器身份管理作为一项关键的安全功能。
- 趋势6：远程办公。
- 趋势7：入侵和攻击模拟。
- 趋势8：隐私增强计算技术。

从这些趋势可以看出，Gartner的研究方向与新出现的数字经济安全挑战及其需求相吻合。

这些安全和风险趋势是为了给组织机构的管理者提供参考建议，以支撑他们采取相应的技术措施和行动，使得组织机构能适应于更复杂、规模更庞大、价值更高的数字经济的安全需求。

Gartner认为，在详细探讨这些趋势时，必须指出它们并非孤立存在的。相反，它们是领先组织对安全和风险管理（SRM）团队无法控制的长期外部趋势的响应。这些全球安全和风险趋势是更广泛、更长期的趋势，正在影响总体安全和风险格局。

（二）安全项目：实施安全项目需具备基础安全能力

2020 年，Gartner发布了 2020-2021 年的十大热门网络安全项目，具体如下。

- 项目 1：确保远程办公劳动力的安全。
- 项目 2：基于风险的漏洞管理。
- 项目 3：扩展的检测和响应。
- 项目 4：云安全态势管理。
- 项目 5：简化云访问控制项目。
- 项目 6：DMARC。
- 项目 7：无密码认证。
- 项目 8：数据分类和保护。
- 项目 9：规划数字业务计划。
- 项目 10：风险评估自动化。

从Gartner发布的安全风险趋势和安全项目来看，这两者之间存在很多的相互联系。它们都关注零信任网络与安全访问、扩展检测与响应、云安全、个人隐私及数据安全、安全人员能力等领域。Gartner更是在 2020 年的十大热门网络安全项目中发布了候选安全项目清单，其中包括自动化威胁猎捕、生物特征凭据检测与保护、基于聊天机器人的安全意识培训与教育等安全项目，这些也顺应了全球数字化的发展浪潮。

需要注意的是，Gartner在其 2020-2021 年的十大热门网络安全项目的报告中特别强调，客户在考虑实施这十大项目之前，一定要考虑到先期的基础安全建设，如基本的端点防护能力、日志监控、备份/恢复能力、各种边界安全控制等。

（三）技术成熟度曲线：技术演进依赖于原有的基础累积

纵观Gartner历年的技术成熟度曲线，也可以看到Gartner在每一个领域中提出的安全技术都覆盖了成熟技术和热门技术，并呈现出不断演进的过程。

以云安全领域为例，Gartner在 2020 年的云安全技术成熟度曲线中提到了CSPM、CASB、CWPP等代表性技术，同时也提出了基于硬件安全、OAuth、云管理平台、微分段、容器安全、云数据备份、SaaS交付的IAM等能力。另外，再加上Gartner强调的作为项目实施前提的系统防护、用户控制、基础设施安全等基础要求，构建了较为完整的云安全能力基础，这才有了CSPM及CASB等技术的有效应用。

回顾Gartner在 2017 年的云安全技术成熟度曲线，可以看到云安全评估、云应用发现、云数据备份、云工作负载等技术都有了不同程度的成熟和发展，它们成了云安全整体能力的一部分。虚拟机备份与恢复、IaaS卷加密等技术在2020年被移出了技术成熟度曲线，这并不代表它们没有作用了，而是因为它们已经成为主流技术，成为云安全的基础能力，所以不需要在技术成熟度曲线中继续提及。

从每年的技术成熟度曲线的横向技术趋势以及从不同年度的技术成熟度曲线的技术内容变化来看，任何安全技术的演进都依赖于原有的基础累积。新技术要基于基础安全能力建设，通过建设获得能力并通过运行取得效果。对于想要紧跟前沿技术的组织来说，一定要关注如何完成这些基础积累。

三、中国口味的“网络安全鸡尾酒”

如果把网络安全体系建设形容成调制一杯彩虹鸡尾酒，那么建设安全体系的基础积累就是这一杯鸡尾酒的基酒。

在调制彩虹鸡尾酒时，需要用基酒把不同口味的酒和饮料搭配起来，变幻出多彩的色彩，再赋予不同的美丽动听的名字。

由于我国信息化环境与网络安全建设之间存在差异，因此更需要一杯中国口味的网络安全鸡尾酒。

Gartner的研究基础主要是欧美市场，它们与我国的网络安全建设情况存在较大的差异。而且，Gartner每年报告中所描绘的网络安全技术趋势，是站在国外那杯鸡尾酒已经大体调制完成的情况下，不断去发展新风味。而我国的网络安全建设基础不牢、体系不足、能力缺失、实战不足，数字化环境更是差异明显。如果想要获得最后的美酒滋味，看到体系化防御的最终成效，显然也需要按照顺序一层层进行调制，而不是只品尝最后添加的那一口味道，否则就会得到灾难性的体验。

在我国数字化转型、“新基建”建设等国家战略背景下，奇安信全面分析了国内外网络安全态势和我国政企机构面临的网络安全挑战，吸收了最新的网络安全技术研究成果，在2019年提出了“内生安全”理念，并在2020年提出面向“十四五”规划的内生安全框架，给出了新型网络安全体系建设的落地框架指引。

此外，奇安信在2021年提出了“经营安全、安全经营”的理念，说明了如何利用内生安全框架在大量大型机构中的落地经验，做到安全的动态掌控，保障核心业务的经营平稳运行。

在奇安信与Gartner联合发布的《数字化转型需要内生的安全框架》中提到，在我国的网络安全建设发展阶段存在差异的情况下，政企机构需要先建好自身的网络安全底座，补足网络安全必要能力的缺失，再根据自身信息化建设及数字化转型的需要，统筹选择应用最新的安全技术。

使用内生安全框架指引规划设计，可以为新技术的持续引入提供扩展支撑，为技术创新提供“土壤”，帮助构建网络安全的彩虹鸡尾酒，使新技术的效能在体系化的网络安全环境得到充分发挥。

内生安全框架在设计之初考虑了对新技术的融合，将相关基础能力和新技术能力融合到内生安全框架的能力体系中并加以应用。同时，内生安全框架采用体系化、系统工程的思维，在各个领域中设计预置了扩展的能力，从而确保了对前沿技术的有效引用。

四、结语

过去十几年来，网络安全跟随在信息化的身后，一直以落后半步的姿态默默守护。

在数字化转型大潮汹涌而来的时刻，网络安全显然会迎来改变身份的契机。以“十四五”为契机，网络安全这杯鸡尾酒可以为数字化转型保驾护航。

当前，产业和数字化技术日趋融合，网络安全本身就是数字化转型的一部分。内生于数字化的安全框架，则是调制好网络安全这杯彩虹鸡尾酒，实现身份逆袭的探索手段。

要素市场化配置下的数据安全挑战及应对策略

（王远桂 中国信息通信研究院安全所高级工程师）

在数据要素转化为生产力的过程中，数据安全诉求与经济价值实现相伴相随。本文总结了要素市场化配置背景下，数据安全在架构体系、技术和产业等方面出现的新趋势、新方向和新重点，客观分析了新要求下数据安全在系统架构部署、法律法规制度、技术研发应用、数据安全产业和企业等方面面临的挑战，并针对上述 4 个方面分别提出了应对策略。

一、引言

2020 年，国家层面开始加速部署新基建，推动数字化从消费层面向生产层面的全面深化。我国出台了《关于构建更加完善的要素市场化配置体制机制的意见》，要求加快培育数据要素市场，推进政府数据开放共享，提升社会数据资源价值，加强数据资源整合和安全保护。随后，《关于新时代加快完善社会主义市场经济体制的意见》发布。

在此背景下，探索建立保障数据流动共享、开放交易、聚合分析的数据安全体系，为数字经济发展提供坚实基础急不可待。

二、数据要素特征及数据安全新特点

（一）数据要素显著特征

在数字经济时代，数据与土地、劳动力、资本和技术并驾齐驱，成为生产要素之一。作为一种新型生产要素，我们对数据要素市场化配置规律的认识还处于摸索期，数据的产权界定、市场价值评估及交易、安全保护模式等方面都有待探索。但数据要素的部分特质已显现并形成共识。

1. 数据要素具有边际效益递增性，在流动共享中实现价值倍增

摩尔定律揭示了电子设备的生产成本不断下降的规律，这也意味着依托信息技术和电子设备进行数据生产与数据加工的成本将持续下降。与此同时，在海量数据共享后，利用大数据和云计算技术进行数据挖掘，实现更大的数据价值成为现实。

2. 数据要素承载或所属主体提出在其生产力转化中需加强安全保护的诉求

与土地、劳动力、资本和技术等生产要素相比，数据要素映射了不同层面的社会关系，导致生产要素权属人在追逐经济利益的同时，对数据安全的保护也有相应的诉求。如个人数据涉及隐私，企业数据涉及竞争或商业机密，国家数据涉及国家安全和数字主权。因此，数据在转化为生产力的同时，需解决不同数据主体在数据保护方面的权益诉求。

（二）数据安全新特点

在数字化初期，数据安全的关注点聚焦于对数字化产生的数据进行安全存储或传输。在进入市场化配置阶段后，大量数据将通过市场机制进行规模化流动和深度聚合处理，这对数据安全的保护提出了更高要求。

此时，数据安全也呈现出新的变化特点。

1. 以数据为中心成为安全部署新趋势

云计算及移动互联网的广泛使用导致原有的网络边界模糊化，再加上数字经济发展推动网络运营业务以数据为中心，这导致传统上以网络为中心的安全架构、基于信息化系统部署的外挂安全工具和手段，已无法满足数据安全的实际需要。以数据为中心，以零信任安全为理念，将数据安全内化为信息化系统的重要组成部分并同步建设，将成为发展趋势。

2. 防御成为安全布局新方向

安全形势日益严峻，传统的基于数据库加密、数据库防火墙等静态被动防御面临失效风险，而能实现主动分析、溯源、应急处理的态势感知、威胁情报系统等成为市场新需求。针对业务场景建模，发现异常并及时处理的动态主动防御体系将成为数据安全布局的新方向。

3. 如何共享成为安全保障新重点

针对云计算、物联网等支撑数据存储、分析、共享和传输，以实现数据价值最大化的安全保障已经滞后。针对数据交易共享引发的流动性安全保障、数据聚合分析引发的融合性安全需求等都提出了新需求。因此，以数据处理、共享环节为重点

建立全生命周期安全保障成为必然选择。

三、要素市场化配置背景下数据安全面临的挑战

要素市场化配置要求数据安全能力顺应提升，但我国数据安全基于原有的信息安全系统进行强化和完善，信息安全的分散化和孤立性将妨碍数据安全的整体布局。安全保障制度不完善将导致数据流动共享困难重重，而安全技术研发和应用不力，会致使数据安全更加落后于数字经济的发展。此外，缺乏内生发展机制的薄弱产业无法提供有效的安全解决方案。这些都意味着数据安全面临艰巨挑战。

（一）以数据为中心部署内生安全系统推进难度大

1. 以系统为中心的部署很难调整为以数据为中心

传统的数据安全作为信息安全的一部分，采用以信息化系统为中心部署的静态化安全策略来保护数据的存储和传输。数字经济要求从静态和动态两方面部署数据全生命周期的安全，但基于原有的安全系统进行调整升级的投入成本和协调难度太大，外加技术力量等储备不足，导致进展缓慢。

2. 融合边界和业务，建立内生数据安全系统的难度大

新形势下，数据安全需融合成为信息化系统的“内生能力”，但聚合信息化系统与安全系统、业务数据与安全数据、IT人才和安全人才等多要素的新思维、新模式、新技术和新方法既缺乏理论上的指引，也缺乏实践经验积累。

（二）适应动态主动防御的数据安全技术研发滞后

1. 数据安全技术研发滞后，无法满足动态主动防御需求

与数据安全预警、异常行为检测相关的技术积累薄弱，无法满足监测、预警、定位、处置等安全风险防范要求。以数字水印和数据血缘技术为代表的数据流动追踪溯源技术仍处于研究验证阶段，难以满足数据量级大、流动速度快等场景下的安全保护需求。

2. 数据安全技术不成熟，导致数据流动场景中的安全保障难

为保障数据共享而使用的同态加密、安全多方计算、联邦学习等新兴技术手段均处于初步发展阶段，鲜有应用案例。针对融合性业务，以及复杂多源数据场景的数据脱敏、防泄露等解决方案不成熟。综合性的安全技术成本太高，导致应用进展缓慢，而且人工智能的安全隐患致使应用推广难。

（三）为数据安全提供支撑的企业弱，产业基础差

1. 数据安全企业竞争力弱、产业规模小，导致无法构建产品生态体系

我国数据安全产品主要由网络安全企业附带经营，与国际企业相比竞争力太弱。据中国信息通信研究院测算，2019 年我国网络安全产业规模占全球的比重为 7.4%，数据安全产业作为网络安全产业的分支，尚处于初始发展阶段，未形成产品生态体系。

2. 缺乏持续的激励机制，导致安全产业内生增长机制无法形成

数据安全产业受政府政策影响大，欧洲各国、美国、以色列等国家在经历了政府主导阶段后，当前已形成市场主导、政策制度激励的产业发展机制，而我国尚处于政府阶段性政策主导、企业被动投入的阶段。再加上我国数据安全产业基础和企业实力较弱，基于市场需求驱动发展的内生机制难以启动。

四、“以数据为中心”的数据安全建设策略

数据安全是数据要素市场化配置的生命线，要坚持以安全促发展的理念，健全数据安全和个人信息保护制度，完善大数据环境下的数据分类分级安全保护制度，探索建立“以数据为中心”的安全保障体系，建立数据安全技术和产业生态，为数据有序流动、有效交易、安全利用和价值释放提供安全保障。在我国数据安全建设起步晚、数字经济发展速度快、安全保障需求不断提高的情况下，提升数据安全能力任重道远。

（一）落实数据安全法律法规管理制度

明确融合性业务数据安全监管的职能分工，积极探索融合监管模式，强化行业管理部门对分管行业的数据安全监管能力。

推进《中华人民共和国个人信息保护法》《中华人民共和国数据安全法》及配套法律法规制度的落实，明确数据安全管理红线，为数据流动创造条件。

完善跨境数据管理制度，在部分自有贸易区开展数据跨境试点，积极探索除安全评估外的数据跨境途径。

推动数据分类分级、安全评估、重要数据识别等标准的制定，为建立全生命周期数据安全提供支撑。

（二）探索建立以数据为中心的安全保障体系

数据安全管理部门协同组织机构推进构建贯穿基础网络、数据中心、云平台、数据和应用的一体化协同防范体系，并明确分工，加强落实。

在部分行业率先开展数据安全治理工作，指导企业开展数据资产和数据流向盘点，按照分级分类标准标识数据，建立数据仓库并部署安全策略。

鼓励部分行业将建立数据全生命周期安全保障体系纳入数据安全合规的重点内容，并通过评估、安全监测和专项治理等手段，强化企业贯彻落实。

建立安全风险监测追溯与综合管理平台，实时监测风险态势并进行异常预警和溯源处置，强化流动共享数据的安全保障。

（三）逐步建立数据安全技术生态体系

数据安全相关的管理部门联合研判数据安全关键技术，确定技术战略路线图，明确重要技术研发及应用推广的阶段性目标和推进措施。

依托企业或研究机构建立若干国家级数据安全技术重点实验室，建立技术研发及推广应用机制。

支持一批关键技术的研发，其中涉及同态加密、安全多方计算等加密技术；脱敏和匿名化、联邦学习等数据处理安全技术；数字水印、数据血缘、区块链等数据共享安全技术等。

定期评选若干优秀的数据安全产品和解决方案，激励并推动研发成果的应用推广。

（四）创新推动数据安全产业园区建设

以产业园区为聚集地，加大数据安全投资，鼓励大型国企入驻数据安全市场，引导企业加大数据安全投资。

鼓励企业通过并购整合、投资入股等方式与国外的优秀安全企业开展合作。

布局新兴领域数据安全产业，重点发展数据安全保险、数据安全审计、安全态势感知、数据安全情报分析等服务业态。

培育数据安全骨干企业，以场景化设计数据安全产品线，重构数据安全产业链，促进产业链良性互动发展，以逐步启动产业内生增长机制。

五、结语

在数据要素市场化配置下的数字经济时代，网络信息安全突出表现为数据安全。它与传统的网络信息安全杂糅交织，并呈现出新的特点。建设以数据为中心的安全架构体系，既需要在技术手段上加强部署，也需要在法律制度和管理上深入研究，以切实保障数据安全，为数字经济发展保驾护航。

06

第6章

供应链安全

Android固件大规模安全测量

（侯勤胜　清华大学-奇安信联合研究中心研究员）

一、研究背景

Android系统是当前较受欢迎的智能操作系统，拥有超过 85%的市场份额。Android系统的成功主要建立在其开放性之上，手机供应商可以利用Android系统的源代码定制具有独特软硬件功能的产品。然而，Android系统的碎片化和定制化也带来了诸多的安全风险。为此，我们对Android固件生态系统的安全性进行了大规模的综合测量。

我们的研究以 150 多家厂商的数千个固件镜像文件和几百个与Android相关的CVE（通用漏洞披露）为基础。我们的研究涵盖漏洞、补丁、安全更新和预装应用程序等。

为了将分析过程自动化，我们设计了一个分析框架来完成ROM爬取、ROM解析、补丁分析和预装App分析。通过海量数据的分析和案例探索，我们得出了一些有趣的结论。例如，补丁延迟和缺失在Android固件中是普遍存在的。

除了数据测量之外，我们还通过对一些案例的研究来探索这些安全威胁背后的原因。这项研究为安全社区提供了许多有关Android固件生态系统的新知识。

我们从操作系统和预装App两个层面对Android固件的安全性进行了大规模的安全测量。此外，我们还尝试去揭示这些安全风险背后的原因和影响。

为了引导我们的测量工作，我们提出了两个有关Android固件安全性的重要研究问题。

- **问题 1**：厂商是否能及时落实官方的安全补丁。这个问题主要包括两个方面的测量。一个方面是手机厂商能否及时跟进Google发布的安全更新，另一方面是手机厂商所宣称的安全更新是否真实可信，是否存在补丁遗漏。
- **问题 2**：预装App的安全性是否值得信赖。这个问题也主要包括两个方面的测量工作。一个方面是手机预装的App中是否存在被披露的安全漏洞，另一方面是手机中不存在已知漏洞的预装App是否也有安全风险。

为此，我们构建了一个名为ANDSCANNER的分析框架。该分析框架会自动从各种公开渠道下载固件和漏洞信息，然后将下载的固件进行解包，提取固件的元数据信息，并分别将相关的lib文件和apk文件传给Patch Analyzer和App Analyzer进行分析。

Android固件安全测量的整体流程如图1所示。

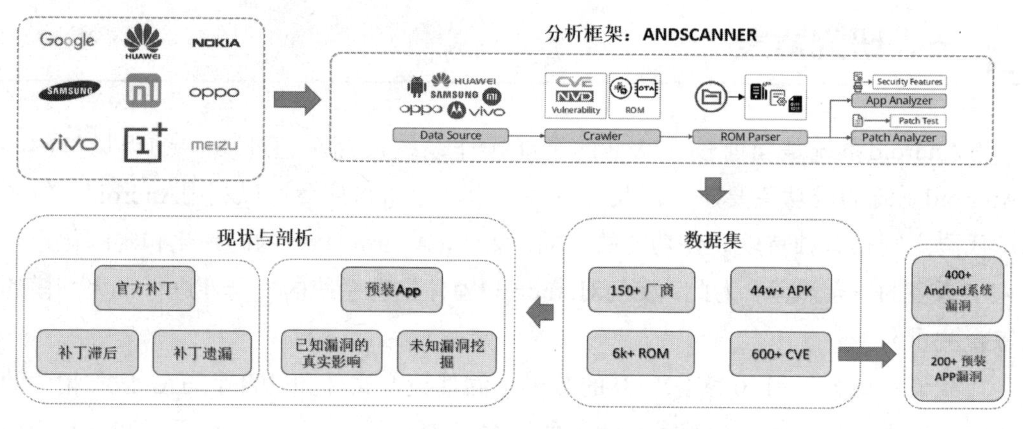

图1

二、系统补丁分析

该部分主要针对问题1进行相关测量和深度分析。

（一）整体测量结果

针对问题1，我们首先测量了所收集的Android固件中补丁滞后的情况。对于补丁滞后的时间，我们给出的定义是固件的编译时间与固件安全补丁时间的差值，然后除以30天取整（也就是按月份取整）。测量结果如图2所示。

通过测量发现，大约20%的固件存在至少1个月的补丁滞后，其中滞后固件的平均滞后时间为3个月，已经超出了Google所允许的最大滞后时间。最差的情况是某家Top 5厂商的一个固件，其补丁滞后时间长达40个月。此外，我们还发现某家Top 3的厂商有45%的固件存在补丁滞后。

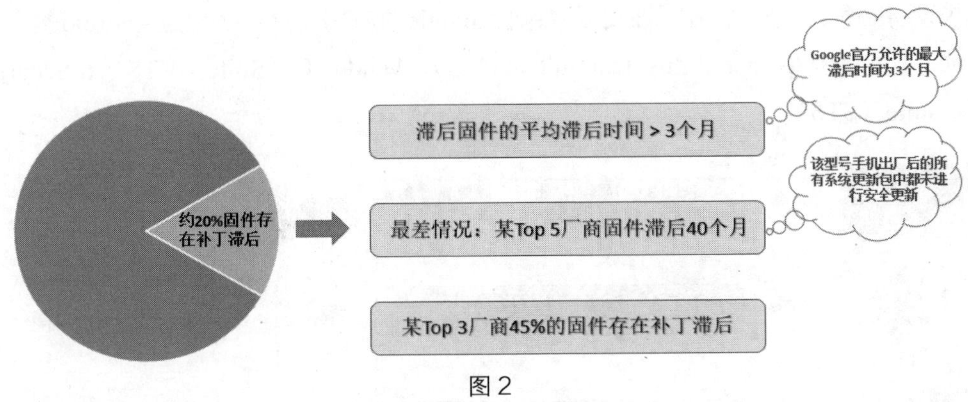

图 2

然后，我们通过检测相关安全补丁的有效性来测量各个厂商所宣称的安全更新是否可靠。测量结果如图 3 所示。通过测量发现，大约有 7%的固件存在补丁遗漏，其中最差的情况是某家Top 5 厂商的一个固件遗漏了 46 个安全补丁。而在某家Top 5 厂商的固件中，大约有 20%的固件存在补丁遗漏，遗漏补丁的平均数量是 1.5 个。

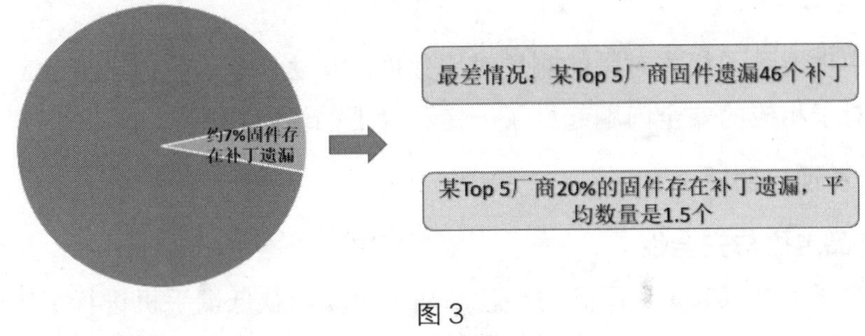

图 3

（二）Google的应对之策

对于补丁滞后和补丁遗漏的情况，Google也制定了一些相应的对策。这些对策总体上有 4 种：PROJECT TREBLE、STS、Certified Partner和Supported Devices，如图 4 所示。

其中，PROJECT TREBLE是Google在Android 8.0 中推出的，主要用来指导厂商更新设备，解决Android生态碎片化的问题。STS由Google在 2018 年 8 月集成在CTS中，专门用来进行补丁有效性的检测。Certified Partner和Supported Devices分别是Google针对手机厂商和手机设备的认证机制。对于Certified Partner，Google会对相关厂商进行认证，以确保它们发布的设备是安全的，并可以运行Google应用和Play商店中的应用。只有经过Play Protect认证的设备才会被认证为Supported Devices。

这些设备必须满足两个强制性要求：包含Google的应用程序；要通过Android兼容性测试，其中包括Compatibility Test Suite（CTS）、Vendor Test Suite（VTS）和Security Test Suite（STS）。

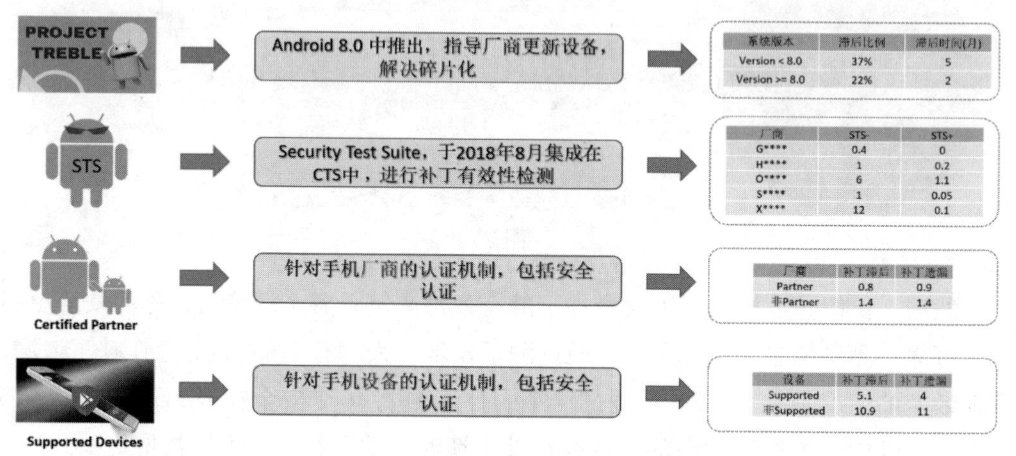

系统版本	滞后比例	滞后时间(月)
Version < 8.0	37%	5
Version >= 8.0	22%	2

厂商	STS-	STS+
G****	0.4	0
H****	1	0.2
O****	6	1.1
S****	1	0.05
X****	12	0.1

厂商	补丁滞后	补丁遗漏
Partner	0.8	0.9
非Partner	1.4	1.4

设备	补丁滞后	补丁遗漏
Supported	5.1	4
非Supported	10.9	11

图 4

图 4 中也展示了相关对策的测量对比数据。从总体来看，Google的应对之策是有效的，对于相应的安全问题起到了一定程度上的缓解作用。

（三）发现与剖析

1．产品定位与安全性

我们选择了某家Top 5 厂商的一款高端手机和一款低端手机进行了纵向的测量分析，所选择的两款手机的发布时间相近，并且维护周期也相似。测量结果详情如图 5 所示。

在图 5 中，虚线表示高端手机的数据，实线表示低端手机的数据。在“补丁滞后”的数据对比中可以看到，两个型号的前 8 个固件的补丁滞后时间都小于 3 个月，属于Google所允许的补丁滞后范围。但是从第 9 个固件开始，低端手机的补丁滞后时间在飞速增长，而高端手机则继续维持在正常范围内（这是因为低端手机从第 9 个固件开始停止了安全补丁更新）。

在“补丁遗漏”的数据对比中可以看到，从第 3 个固件到第 4 个固件，这两款手机遗漏的补丁数量出现大幅增长，并分别从 8 个和 9 个增加到了 34 个。原因是该厂商在第 4 个固件中针对特定功能进行了集中更新，而遗漏的补丁也都集中在该特定的功能中，所以可以判断该厂商仅关注了功能更新而没有及时跟进相关的补丁修复。另外，从第 8 个到第 9 个固件，高端手机的补丁遗漏数量进一步下降，而低端手机则没有变化，原因是高端手机的系统进行了更新，相应地，也就对一些补丁完成了修复，而低端手机的系统版本则一直没有更新。

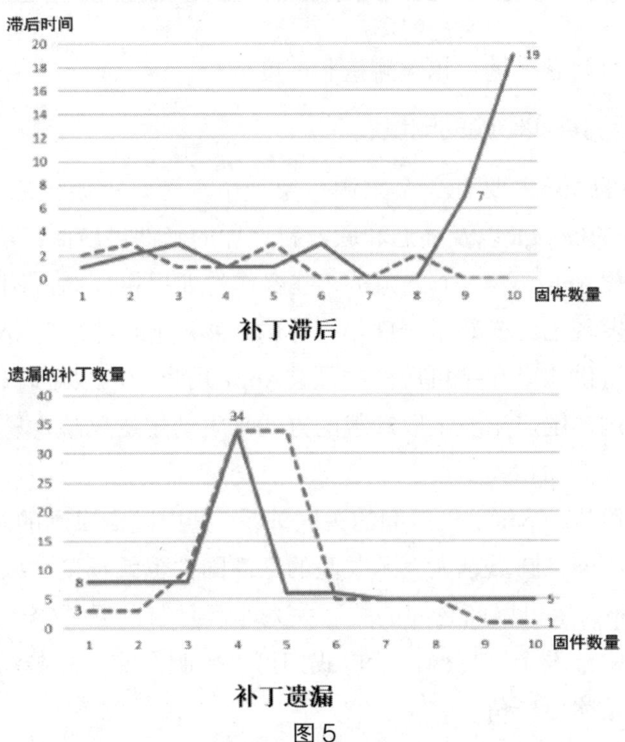

图5

从此项分析中可以看出，相同厂商的不同价位手机的安全性有可能存在差异。

2. Google的表现

在补丁滞后的测量分析中，Google的固件并没有出现此类情况，因为Android的安全更新是由Google进行维护和发布的。然而，我们却发现Google的部分设备中存在补丁遗漏的情况，而且经人工确认，补丁遗漏的情况是真实存在的。

通过进一步分析发现，所遗漏的补丁相关漏洞都是中危漏洞，设备的系统版本都是Android 7.x。之所以出现这种情况，原因是Google对中危漏洞的修复政策发生了变化。当前，Google已经不会在每月的安全更新中对中危漏洞进行修复，而是会随着系统大版本的更新进行修复。

（四）小结

综上所述，手机厂商固件中的安全补丁滞后和安全补丁遗漏的情况普遍存在，造成这种现象的原因主要有两个：缺乏足够的测试时间；降低维护成本。

三、预装App分析

该部分主要对问题2进行相关测量和深度分析。

（一）已知漏洞真实影响的测量

手机中预装的App主要有3个来源：第一个来源是上游供应商，例如提供了Android系统源码的Google以及高通和联发科这样的硬件供应商；第二个来源是手机厂商自己的定制化App；第三个来源是一些合作的非手机厂商，例如很多用户在首次使用手机时会发现已经安装了一些第三方的购物App或者社交App。

对于来自上游供应商和手机厂商的预装App，用户一般很难卸载，所以这些App一旦存在安全漏洞，用户无法采取卸载的方式来主动规避风险，只能被动等待手机厂商或者上游供应商的相关更新。

图6展示了预装App和手机厂商的关联关系，其中圆点表示的是预装的App，方块表示的是固件厂商，圆点越大表示关联的厂商固件也就越多。从图中可以很直观地看出，预装App与手机厂商之间的关联关系非常复杂。但是CVE漏洞信息中所披露的影响范围通常涉及个别厂商，所以我们可以大胆推测，预装App已知安全漏洞的影响范围不过是冰山一角。

图7中展示了5个存在已知漏洞的预装App并测量了它们的真实影响范围，这5个App按照关联的固件数量进行降序排列。首先，可以很直观地看到这5个App都关联到了未披露的手机厂商，并且关联的固件数量也都非常多，由此可以证明预装App的漏洞的真实影响范围远远超出了已披露的影响范围。

图7中的最后一列表示各个预装App所关联固件的编译时间范围。因为这5个App都是在2019年披露出存在安全漏洞，所以可以看到在这些预装App的漏洞在被公开披露后，依然有大量的固件集成了存在漏洞的预装App。

此外，从关联的未披露厂商的数量来看，除了第二个App是某厂商定制化的之外，其余App都来自于上游的供应商，并且未披露厂商的数量都很多，因此可以看出源于上游供应商的预装App的安全漏洞的影响范围更大。

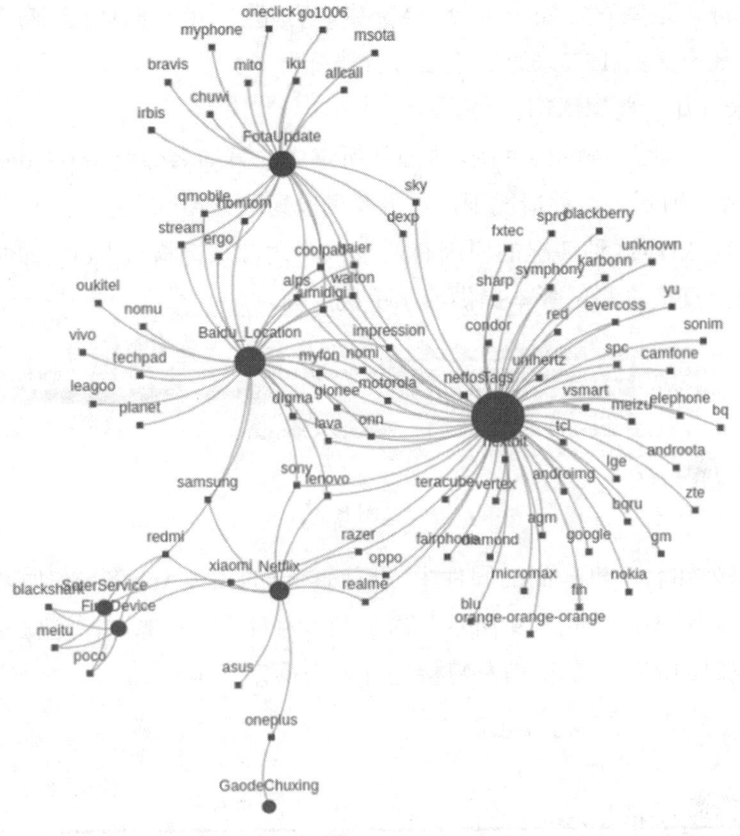

图 6

包名	版本	CVE编号	披露厂商	关联ROM数量	未披露厂商	ROM版本	ROM编译时间
com.google.android.tag	1.1	1	N/A	840	60	4.0.4-9.0	201203-202009
com.dropboxchmod	1	1	1	328	1	4.4.4-10.0	201601-202011
com.qualcomm.qti.callenhancement	9	4	1	251	15	9.0-10.0	201804-202010
com.qualcomm.qti.callenhancement	8.1.0	3	1	90	15	8.1.0-10.0	201804-202002
com.mediatek.factorymode	1	6	4	16	9	7.0-9.1	201803-202007

图 7

（二）预装App未知漏洞挖掘

预装App所带来的安全风险不仅限于已知的CVE漏洞，其中出现的配置错误和密码学误用的问题也可能导致严重的安全风险。因此针对预装App，我们通过静态方法重点分析了组件暴露、密码学误用、数据克隆等多种类型的安全漏洞，这些漏洞涉及隐私泄露、权限提升、中间人攻击等多种安全威胁。

根据分析，数据集中的所有手机厂商的 3500 多个固件集成了存在上述安全风险的预装App。这些存在安全风险的App中，有超过 70%来源于厂商自己的定制化App，另外还有大约 15%来源于第三方合作开发者。

我们来看几个典型示例。

在某知名手机厂商的固件中，该固件所集成的某知名导航App的debuggable属性为true，如图 8 所示。这种情况下，攻击者可以窃取该App的隐私数据并执行任意代码。据推测，出现这种情况的原因有两个：开发者忘记检查debuggable的属性值；该App供应商直接将测试版本提供给了手机厂商。

```
<uses-permission android:name="android.permission.RECEIVE_BOOT_COMPLETED" />
<application android:debuggable="true" android:icon="@drawable/v3_icon" android:label
  <activity android:excludeFromRecents="true" android:name="[illegible].widget.
    <intent-filter>
      <action android:name="android.intent.action.MAIN" />
    </intent-filter>
  </activity>
```

图 8

在某海外知名手机厂商的固件中，厂商自己的预装App将AES加密算法的密钥硬编码到App代码中，如图 9 所示。由于AES为对称加密算法，这就使得攻击者可以通过硬编码的密钥对加密信息直接进行解密操作。

```
public static String encrypt(String arg11) {
    String v0;
    int v9 = 16;
    try {
        byte[] v4 = new byte[]{0, 0, 0, 0, 0, 0, 0, 0, 0, 0, 0, 0, 0, 0, 0, 0};
        byte[] v8 = arg11.getBytes("UTF-8");
        SecretKeySpec v7 = new SecretKeySpec("!flyWhoWho_Q[illegible]u#".getBytes("UTF-8"), "AES");
        IvParameterSpec v5 = new IvParameterSpec(v4);
        Cipher v1 = Cipher.getInstance("AES/CBC/PKCS5Padding");
        v1.init(1, ((Key)v7), ((AlgorithmParameterSpec)v5));
        v0 = new String(Base64.encode(v1.doFinal(v8), 0)).trim().replaceAll("\n", "").replaceAll("\r", "");
    }
    catch(Exception v3) {
        v3.printStackTrace();
        v0 = null;
    }

    return v0;
}
```

图 9

在某知名手机厂商的固件中，厂商自己预装的天气App中存在暴露的Content Provider（内容提供者），如图 10 所示。这使得攻击者在无须任何权限的前提下，就可以通过第三方App获取用户的隐私数据，包括精确的定位信息、100 天内的行动轨迹等。

我们将所发现的安全问题通报给了相关厂商。共有来自 15 个厂商的 38 个漏洞得到了确认，其中 30 个得到了CVE/CNVD编号。

```
<application android:allowBackup="false" android:icon="@drawable/ic_launcher_weather" android:label
  <uses-library android:name="org.apache.http.legacy" android:required="false" />
  <meta-data android:name="[illegible].analytics.AppId" android:value="@string/appId" />
  <meta-data android:name="[illegible].vcode.moduleId" android:value="@string/module_id" />
  <provider android:authorities="[illegible]weather.provider" android:exported="true" android:name="c
  <provider android:authorities="[illegible].weather.provider.city" android:exported="true" android:na
  <provider android:authorities="[illegible].weather.provider.foreigncity" android:exported="true" and
  <receiver android:name="[illegible]eather.provider.dataParse.WeatherReceiver">
```

图 10

（三）小结

预装App已知安全漏洞的真实影响范围远超过公开披露的范围，并且来源于上游供应商的预装App的安全漏洞的影响范围更大。此外，预装App中由于配置错误和密码学误用所导致的安全风险也广泛存在。

四、总结

对于问题 1 可以得出这样一个结论，即手机厂商固件中的安全补丁滞后和安全补丁遗漏的情况是普遍存在的。我们给出的建议是，手机厂商在进行定制化开发时应严格遵守Google官方的安全规范。

对于问题 2 可以得到这样一个结论，即预装App已知安全漏洞的真实影响范围远超过公开披露的影响范围，并且来源于上游供应商的预装App的安全漏洞的影响范围更大。此外，预装App中由于配置错误和密码学误用所导致的安全风险也广泛存在。我们给出的建议是，手机厂商应该对上游供应商提供的App、自身定制开发的App以及第三方合作厂商引入的预装App进行严格的安全检查。

固件安全——被忽视的企业安全“软肋”

虎符智库编辑团队

在软件安全性逐步提升的同时，固件和硬件安全成为热点安全问题。实际上，近年来固件已成为攻击者的热门目标。

一、固件成为热门的攻击目标

固件作为一种特定软件，可以提供对设备硬件的低级控制，一般存储在只读存储器（ROM）、可擦除可编程只读存储器（EPROM）或闪存中。

近年来，固件漏洞的数量激增。固件漏洞可以存在于设备内部的任何组件中，包括UEFI或者BIOS系统、驱动器、网络适配器、内存、处理器、显卡以及很多集成或外围组件。

固件漏洞的激增不仅代表攻击面迅速扩大，同时表明攻击者越来越关注固件。据一项调查显示，83%的被调查企业在过去两年曾经遭遇过固件攻击。来自美国国家标准技术研究院（NIST）国家漏洞数据库的数据则显示，在过去4年中，针对固件的攻击数量增加了5倍以上。

通过固件攻击，攻击者可以监视用户活动、窃取数据和对计算机进行远程控制。

在过去的两年，安全专家发现了多种固件攻击。例如RobbinHood勒索软件，它利用固件获得对受害者计算机的根访问权，然后加密所有文件并勒索赎金。2019年5月，数个美国城市政府遭受了这一勒索软件的攻击。

另一个案例是Thunderspy攻击，这是一种利用PC硬件组件的直接内存访问（DMA）功能进行的攻击。这种攻击非常隐蔽，可在不留痕迹的情况下读取和复制计算机上的所有数据，即使硬盘驱动器被加密、计算机被锁定或进入睡眠状态，攻击也可能发生。

固件为何如此脆弱？答案很简单：它在设计时从没有考虑安全问题。《连线》杂志认为，大多数硬件制造商都不会对系统中嵌入的固件进行密码签名，也不会在设备中包含身份验证功能，以识别签名的固件。

二、被忽视的攻击面

几乎所有的电子设备都包含固件。计算机包含许多固件，即使是计算机电池，也包含固件。考虑到固件的广泛普遍性，人们会自然地期望固件安全问题应置于首位进行考虑。但是，这距离事实很遥远。

与频频暴出的固件漏洞、日益增长的固件攻击形成对比的是，固件依然是设备中容易被忽视的组件，日益增长的固件攻击似乎没有让固件得到足够的关注。

固件通常是常规漏洞管理工具和流程的盲区。大多数漏洞扫描器关注的是软件，回避了固件漏洞和硬件配置错误扫描。另外，对于指定的设备，人们并不总是清楚其内部是否安装了最新固件，以及有漏洞的固件是否已经得以更新。这就给企业的CISO和安全团队提出了挑战，他们需要具备确认产品固件状态的能力，而不是完全依赖于提供商的漏洞更新流程。

基于固件的恶意软件在很大程度上被安全团队忽略，这使得服务器、存储设备和网络设备中的固件成为企业安全的“软肋”。据微软的调查，企业对固件保护并没有给予足够的投入，只有 29%的安全预算用于固件保护；21%的被调查者承认，公司的固件数据未受到任何监测。

当前，千万不要指望固件漏洞的增长速度会减弱。一方面，笔记本电脑、服务器和网络设备中组件的数量以及复杂性不断增加。另一方面，从攻击者的角度来看，固件是具有高价值的战略目标。攻击者可以轻易访问可被窃取或用于勒索的数据。此外，通过固件攻击，攻击者可以完全禁用组件或整个设备。而且，固件还为攻击者的长期攻击提供了途径。

Eclypsium安全公司认为，三大因素导致固件迅速成为网络安全的关键领域：暴出的固件漏洞的数量不断增加；在野攻击越来越多地针对固件漏洞发起；固件漏洞利用为攻击者提供了最高级别的特权和系统控制权。

目前，安全团队不能完全了解作为固件嵌入的代码量，以及基础架构中包含固件的组件数量。此外，硬件的设计周期很长，而固件更新被越来越多地用于解决硬件问题，这也引入了新的攻击媒介。

三、固件漏洞同样成为“军火库”标配

固件的漏洞特性使其成为网络黑客和APT组织实施攻击的首选。针对固件层的恶意代码可以让攻击者的代码首先运行，从而实现抢占操作系统的目的。这样，攻击者就可以控制系统的启动程序，安装系统补丁，破坏安全控制，获取至高权限，从而控制整台设备。

固件漏洞也使得攻击具有可靠的持久性。攻击者通过在固件（而不是驱动）内注入恶意代码，就可以保证恶意代码在持久存在于系统中，甚至在更换存储驱动器后也存在。

2020年，固件安全形势发生了重要的变化。出于经济动机的网络黑客开始借鉴APT组织的做法，针对固件开展声势浩大的勒索软件攻击。总体上讲，2020年的网络安全态势是过去这些年的延续和加速——固件漏洞不仅是网络黑客利用的秘密工具，也越来越多地成为许多网络恶意攻击者的“军火库”标配。

随着越来越多的联网设备的推出，固件安全问题将成倍放大。2020年，预计联网设备将达到300亿台。到2025年，联网的IoT设备将达到750亿台。在这样互联的世界中，固件安全问题将对机构安全和个人隐私构成严重威胁。

四、固件安全自评估

固件安全影响到IT行业技术栈的各个方面——终端笔记本、服务器、云计算基础设施、网络基础设施以及供应链技术本身。目前，随着机构积极支持并拥抱远程办公模式，攻击者也随时准备利用远程办公用户联网所需的基础设施发起攻击。机构必须根据安全形势的最新进展，使用工具和流程及时评估、解决安全风险。

Eclypsium在其发布的《评估2021年企业固件安全风险》报告中，根据过去一年主要发展趋势，为企业领导者提供了固件安全自评估的方法。

在进行固件安全评估时，需要回答如下五大问题。除了问题之外，这里也给出了一些相应的安全建议。

（一）漏洞管理流程和工具是否包含固件安全

漏洞管理是任何安全活动最基本的工作之一。尽管对于软件和操作系统来说，

漏洞扫描和程序修补工作已成为安全标准实践，但是对于设备内部的固件，企业还是缺乏有效的工具来执行同样严格的漏洞审核程序。企业对固件安全的重视程度必须等同于操作系统安全和应用安全。

安全建议

- 将固件管理集成到现有的硬件和操作系统生存周期流程。
- 在采集的数据中增加固件属性，并作为资产管理流程的一部分，以更好地了解潜在攻击面。
- 除了系统固件，还要掌握设备组件中的固件漏洞情况。
- 增加针对固件的常规性自动漏洞和配置扫描。
- 考虑使用能够提高固件更新效率的工具。
- 将固件的脆弱性度量纳入到现有的漏洞管理流程报告中。
- 使用各种工具对面向外部的资产进行漏洞评估。

（二）是否可以检测固件威胁及固件篡改行为

固件漏洞是攻击者能够使用的最有力的工具之一。企业必须有对应的工具和流程对其进行威胁检测。

安全建议

- 检查现有的针对固件攻击和资产篡改行为的检测能力，包括检测固件篡改行为的技术控制手段、篡改事件发生时的告警机制、将告警信息集成到企业的SIEM，以及其他告警响应工具和流程。
- 在控制权丢失或者有通往高风险环境的数据流发生时，对设备信任关系的相关检测技术和流程进行检查，评估设备遭受攻击的可能性以及未检测到类似攻击时对设备的影响。
- 将固件攻击纳入红紫队安全活动计划。
- 增加自动监控固件组件完整性的安全工具，对任何破坏性行为给予告警。
- 综合使用白名单、威胁特征库、行为分析等安全机制，对已知和未知的固件植入行为进行检测。

（三）对技术供应链风险是否能做到可视和可控

大多数组织习惯于处理来自外部的威胁，比如恶意软件。其实技术供应链风险本身也在迅速成为重要的风险源头。早在设备被交付给最终用户之前，供应链方面的漏洞或破坏就已经可以影响到设备安全。这给设备安全提出了特有的挑战，因为它改变了设备初始的预设信任状态。即使在设备部署之后，攻击者仍可以利用企业和供应商之间的信任关系，对供应商的升级程序进行破坏。

安全建议

- 增加扫描程序，对新购硬件的固件完整性或固件漏洞进行评估，尤其是对组织中具有重要功能或地位的资产进行评估。
- 在任何收购流程中增加对硬件基础设施的扫描。
- 就固件安全对潜在的技术或服务供应商进行评估，并将该工作作为整个供应商评估内容的一部分，纳入尽职调研内容。
- 对供应商固件升级程序和基础设施进行脆弱性评估，例如固件升级程序不带签名或者升级时不加任何其他检查措施。
- 经常检查供应商的更新程序，验证其来源有效并且无安全漏洞。
- 常态化监控固件行为，识别出恶意或不正常的固件行为。
- 为保证在产品和服务的发布过程中第三方组件的安全性，供应商程序中应该包含相关各方的安全责任划分。当把责任委派到组织之外的其他团队时，要清楚询问其管理安全风险的具体细节。
- 阐明企业会如何处理那些通过供应网络链一直延伸到供应商或合作方的固件问题。

（四）SOC和IR（事件响应）团队是否有能力解决固件威胁

攻击者使用固件漏洞发起攻击的原因是固件漏洞具有持久性，能逃避操作系统级的安全防护。因此，组织在威胁捕获、事件响应、故障恢复过程中，必须将固件威胁纳入分析范围。如果没有能力验证固件的完整性并移除固件风险，组织会陷入不断被重复感染的境地。

安全建议

- 作为事件响应活动的标配，对有可能被破坏的设备执行固件漏洞扫描。
- 在将设备重新投入使用前，对设备内部的所有固件执行固件扫描，以确认固件的完整性。
- 为威胁狩猎团队配备能够对异常固件行为进行监控的工具，并对可疑设备进一步分析。
- 确认现有的安全工具以及SIEM在固件告警方面存在的不足。
- 在标准的IR收集和响应手册中增加固件安全检查内容。

- 确保团队有合适的工具和服务能对固件执行取证分析，从而收集针对固件的攻击证据。
- 评估和更新IR知识库，增加固件安全信息。

（五）是否准备好应对固件相关的业务风险

固件安全风险不仅仅关系到企业安全团队，组织机构必须准备好迎接随之而来的新安全治理和潜在业务风险。

Gartner和Forrester的相关报告对存在固件安全风险以及未及时解决固件漏洞的企业给出了严重警告。这表明固件安全威胁的影响力已经不再停留在网络攻击层面，或是黑客大会的热门话题。组织机构要准备好回答来自管理方、合作方以及用户提出的关于固件安全保障的相关问题。

基于固件技术的勒索软件攻击事件突出表明了固件安全在运营过程中的重要性。攻击者利用固件不仅可以控制设备实施勒索，而且也可以导致设备完全失效。固件影响不仅限于恶意攻击。关键设备中如存在未更新的固件，则会带来稳定性问题，从而影响整个组织的运营能力。安全和IT领导需要了解他们所有关键设备的固件情况，保护组织免受意外的攻击和破坏。

安全建议

- 在企业的安全策略、安全实践以及安全流程中，对固件的作用和安全性给出定义，并形成文档。
- 审核硬件和固件相关的法规要求，深入理解组织需要承担的义务。
- 针对企业固件落实风险管理和安全控制。
- 在客户和合作方的第三方供应商合同中增加适当的表述。

五、总结

固件安全迅速成为现代企业安全实践的重要部分。行业分析师的建议、业界规范发生的变化、网络安全形势的不断发展都表明，固件安全的重要性在不断增加。

大多数固件攻击是利用代码中的错误发起的，因此防止固件攻击的最佳方法是确保开发过程中遵循安全准则。可见，固件安全性主要由硬件制造商所掌控。但企业安全管理人员需要知道，固件受到攻击的风险确实存在，固件必须像其他任何软件一样进行更新。

开源软件安全再受拷问

（冯兆文 西北工业大学）
（刘振慧 中国航空工业发展研究中心）

当前，开源安全风险已经成为行业焦点。攻击者越来越多地开始利用开源软件漏洞发动供应链攻击。由于当前几乎所有的技术巨头都在使用开源软件，因此，开源软件带来的安全风险相当大。

开源软件的安全治理是一项任重道远的工作，需要国家、行业、用户、软件厂商都重视起来并进行投入，才能达到良好效果。

一、开源代码的供应量呈指数级增长

据Gartner报告指出，在当前DevOps之类的开发模式下，应用程序中的大部分代码是被“组装”而不是“开发”出来的。据统计，超过 95%的组织在业务关键IT系统中都主动或被动地使用了重要的开源软件资产。Forrester的研究也表明，应用软件中有 80%～90%的代码来自开源软件。

当前，全球开放源代码库的供应量继续呈指数级增长。开源软件的安全性直接关系到信息系统基础设施的安全。但是，开源安全不容乐观，它已成为软件供应链安全问题增长的重要因素。

2021 年 6 月，奇安信对 2188 个企业软件项目进行检测并分析之后，发布了《2021中国软件供应链安全分析报告》。报告显示，所有的软件项目均使用了开源软件，平均每个项目使用的开源软件的数量达 135 个，使用最多的开源软件出现在 581 个项目中，渗透率达到 26.6%。

2021 年，预计各地开发者将从第三方生态系统中借用 2.2 万亿个以上的开源包或组件。

↘ 二、开源软件安全存在认识误区

使用开源软件的核心理由是，开源软件的安全性比商业闭源软件更高。实际上，随着开源软件的广泛使用，开源软件中的安全漏洞给开发、安全团队带来了严峻的挑战。开源漏洞信息往往散落分布在各大社区，因此导致很多漏洞信息不能及时被官方收录。同时，开源软件的使用者缺少漏洞信息跟踪能力，漏洞修复具有滞后性，因此提升了软件被攻击的风险。

（一）开源软件等于免费软件

开源软件是指源代码可以被公众使用的软件，源代码公开是开源软件的主要特点之一。虽然大部分的开源软件可以免费获得，但是开源软件并不全是免费软件，仍有大量的开源软件对用户是收费的。

开源软件要求软件在发行时附带源代码，但这并不意味着它就一定是免费的；同样，免费软件也只是软件免费提供给用户使用，但并不一定是开源的。

（二）开源软件可以随便使用

每一个开源软件都需要包含开源许可证，以规定开源软件的使用范围和权利义务。开源软件并非完全没有限制地随意使用。开源软件最基本的限制就是强制任何使用和修改该软件的人承认发起人的著作权和所有参与人的贡献。

开源软件的许可证比较繁多而且复杂，我们经常遇到的开源许可证主要有GPL和BSD两种。如果不恰当地使用开源软件，未能充分理解和研究许可证规定的权利与义务，往往会埋下知识产权的风险隐患，甚至会被强制要求公开自家产品的私有代码。

（三）开源软件比闭源软件安全

近年来，开源软件的安全事件频发，打破了传统观念中“开源等于安全”的认知。专家认为，开源软件高危漏洞频发、松散的开源社区管理难以有效推动漏洞修复，以及开源代码的漏洞补丁部署状况混乱，是造成开源代码漏洞威胁巨大的三个主要原因。

此外，开源软件的开放、共同参与、自由传播等特性也会带来更多安全风险：一方面，开发者自身安全意识和技术水平的不足容易产生安全漏洞；另一方面，无法避免恶意人员向开源软件注入木马程序，以进行软件供应链攻击等。

三、开源软件漏洞激增背后的原因

随着开源需求的增加，攻击者不再等待公开的漏洞披露来进行漏洞利用，而是主动将新漏洞注入为全球供应链提供支持的开源项目中。通过将攻击转移到“上游”，可以获得巨大的影响力和关键的时间优势，而且使恶意软件能够在整个供应链中传播，从而对“下游”用户进行更具扩展性的攻击。

由于开源软件使用与获取的便利性，加之部分软件开发人员的安全意识淡薄，开源软件带来的风险被忽略。

总体来看，开源软件存在的安全问题比较严重：首先，安全漏洞是主要的问题；其次，软件供应链攻击呈现上升趋势；最后，缺少系统的安全审查机制。

以下 3 个原因造成了开源软件漏洞与攻击的激增。

（一）开源项目维护者的安全意识和技术能力参差不齐

Snyk公司通过扫描数以百万计的GitHub代码库和程序包，以及对超过 500 个开源项目的维护者进行调查后发现，只有 8%的开源项目的维护者自认为有较高的信息安全技术，接近半数的开源项目的维护者从来不审计代码，只有 11%的维护者能做到每季度审核一次代码。

另有报告显示，大量开发人员在开发软件时并未遵守应用程序安全最佳实践。开源项目的维护者对代码安全质量的重视程度不够，以及自身技术水平的不足，是导致开源软件安全漏洞的主要原因。

（二）越来越多的黑客组织开始盯上开源软件

在软件的生产过程中，代码的复用程度越来越高，各种开发包、核心库的应用越来越广泛。很多黑客组织也意识到了这一点，于是逐渐把目光放在开源软件上，利用开源代码植入后门。这些代码的复用程度越高，其中的后门影响范围就越广，就越容易实现对软件上游供应链的攻击。

2019 年 8 月，Webmin被爆存在高风险的远程命令执行漏洞。根据Webmin开发人员的说法，该漏洞不是编码错误的结果，而是“恶意代码注入受损的构建基础架构中”导致的。要知道，当前互联网上大约有 13 万台机器在使用Webmin，该漏洞的影响可想而知。

（三）开源软件缺少系统的代码安全审查机制

早在2006年，美国国土安全部就开展过“开源软件代码测试计划”，对大量开源软件进行安全隐患的筛选和加固。

根据Snyk公司的报告显示，37%的开源开发者在持续集成（CI）期间没有实施任何类型的安全测试，54 %的开发者没有对Docker镜像进行任何安全测试。

尽管在开源代码中不断发现新的安全漏洞，但是很多项目没有查找并修复漏洞的响应机制。开源项目的安全记录方式也没有明确的标准可以遵循。在GitHub上排名前40万的公共代码库中，仅有2.4%存在安全文档。

开源软件在实际的流通过程中，各个环节间缺乏系统的安全审查机制，部分企业内部也缺少必要的安全检测要求和规范，从而导致一旦底层开源软件出现安全漏洞，没有人知道这将会对哪些商业产品、哪些业务领域造成影响。

四、全方位应对开源软件安全风险

针对开源漏洞，首先需要梳理自身产品中使用的软件资产，检测其中是否使用了开源软件、会影响哪些资产、影响程度如何、其他关联组件是否受影响等，最后着手进行修复，以防御后续的类似攻击。用户可通过奇安信开源卫士等工具系统化地应对此类漏洞。

（一）国家层面组织开展开源软件源代码检测工程

随着开源趋势的不可逆转以及开源软件在商业软件中占的比重越来越大，开源软件俨然成为软件开发的关键基础设施，因此开源软件的安全问题应该上升到国家安全的层面来对待。

建议国家相关部门组织有业务基础的科研机构开展开源软件源代码检测工程，并将检测成果以一种安全可控的方式向商业软件制造商共享，尽可能降低开源软件漏洞对社会各行各业的影响。

（二）企业层面建设开源软件安全治理体系

企业应该建立开源软件安全治理体系，明确开源软件的安全准入条件，从软件开发阶段就建立开源软件使用的统一策略，实现开源软件引入和使用的标准化、规范化和合规化。

对于明确需要引入的开源软件，在加强版本控制的基础上，一方面开展安全风险评估检测，另一方面持续跟踪相关的漏洞情报，时刻提防软件供应链攻击。

（三）用户层面建立软件安全渗透测试机制

从已经发生的软件供应链攻击案例来看，非常有必要开展软件上线前的渗透测试。通过采用良性的攻防渗透的方法、思路和手段，及时发现软件系统中存在的安全漏洞和隐患，降低新软件上线给系统带来的风险。

企业在开展软件采购时，应明确要求供应商提供软件中包含的开源软件的相关信息，并在验收时进行细致核查。

（四）检测机构加强对安全产品中开源软件的检测

信息安全产品是信息系统安全防护的重要组成部分，其自身的安全性将严重影响重要信息系统的安全。检测机构应要求软件供应商准确提供产品中包含的开源软件信息，并针对开源软件开展专门的安全检测。这样一来，一旦某个开源软件被爆出重大的安全漏洞，产品检测机构可以及时迅速地发布安全预警，并要求相关软件厂商尽快修复，甚至对修补不力的产品予以禁用处置。

软件供应链风险挑战我国关键信息基础设施安全

奇安信代码安全实验室

一、国内企业自主开发源代码安全状况

源代码是软件的原始形态，位于软件供应链的源头。源代码安全是软件供应链安全的基础，其地位非常关键、重要。

2020 年全年，奇安信对 2001 个国内企业自主开发的软件项目源代码进行了安全缺陷检测，检测的代码总量为 335,011,173 行，共发现安全缺陷 3,387,642 个，其中高危缺陷 361,812 个，整体缺陷密度为 10.11 个/千行，高危缺陷密度为 1.08 个/千行。

（一）编程语言分布情况

在 2001 个被检测的国内企业自主开发的软件项目中，使用数量排名前 3 的编程语言为Java、PHP、C/C++，对应的软件项目数量分别为 1492 个、204 个和 97 个。可以看出，国内企业在进行软件开发时的首选语言是Java语言，占比高达 75%。

（二）典型安全缺陷的检出情况

程序员在编写软件代码时，经常会出现的典型安全缺陷有输入验证、路径遍历、跨站脚本、注入、NULL引用、资源管理、密码管理、API误用、配置管理、日志伪造等 10 类。

典型安全缺陷的检出率可以体现软件源代码的基本安全状况（检出率是指含有某类缺陷的软件项目数占软件项目总数的比例）。在被检测的 2001 个软件项目中，10 类典型安全缺陷的总体检出率为 77.8%，每类典型缺陷的检出率及排名如表 1 所示。

表1

排名	缺陷类型	检出率
1	输入验证	50.8%
2	路径遍历	39.6%
3	跨站脚本	39.5%
4	注入	37.3%
5	NULL引用	31.8%
6	资源管理	31.6%
7	密码管理	31.0%
8	API误用	28.7%
9	配置管理	28.0%
10	日志伪造	18.2%

二、开源软件生态发展与安全状况

Gartner表示，现代软件大多数是被“组装”出来的，而不是被“开发”出来的。据Forrester统计，在软件开发中，有 80%～90%的代码来自于开源软件。因此，现代软件的源代码绝大多数是混源代码，由企业自主开发的源代码和开源软件代码共同组成。

开源软件是现代软件开发最基础的原材料，与企业自主开发的源代码所处的软件供应链环节相同，也位于软件供应链的源头。开源软件代码自身的安全状况会直接影响最终软件的安全性。

本文从开源软件生态发展状况、开源软件源代码安全状况、开源软件公开报告漏洞状况、开源软件活跃度状况等 4 个方面对 2020 年开源软件生态发展与安全状况进行综合分析。

（一）开源软件生态发展状况分析

据奇安信代码安全实验室监测和统计，在 2019 年年底和 2020 年年底，主流开源软件包生态系统中的开源项目总量分别为 2,841,314 个和 3,814,194 个，一年间增长了 34.2%；截至 2020 年年底，主流开源软件包生态系统中平均每个开源项目有 10.2 个版本。可以看出，2020 年开源软件生态更加繁荣，整体发展非常迅猛。

本文中对 8 个典型的开源软件包生态系统进行了进一步的分析和比较，这 8 个包生态系统为Maven、NPM、Packagist、Pypi、Godoc、Nuget、Rubygems、Swift，具体分析如图 1 所示。

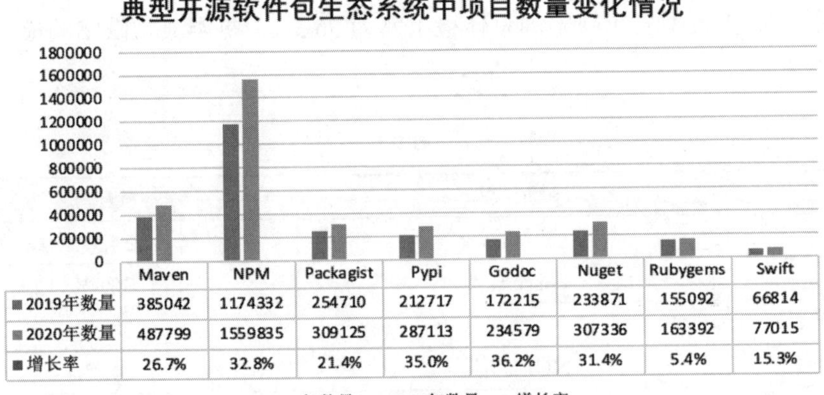

	Maven	NPM	Packagist	Pypi	Godoc	Nuget	Rubygems	Swift
■2019年数量	385042	1174332	254710	212717	172215	233871	155092	66814
■2020年数量	487799	1559835	309125	287113	234579	307336	163392	77015
■增长率	26.7%	32.8%	21.4%	35.0%	36.2%	31.4%	5.4%	15.3%

图 1

可以看到，NPM包生态项目数量最多，截至 2020 年年底，其开源项目数量达到了 1,559,835 个；Godoc包生态系统增速最快，2020 年一年间的项目总量增速达到了 36.2%。

（二）开源软件源代码安全状况分析

奇安信代码安全实验室于 2015 年初发起了“奇安信开源项目检测计划”。该计划主要是针对开源软件项目进行公益性安全检测，旨在让广大开发者关注和了解开源软件的安全问题，提高软件安全开发意识和技能。

2020 年全年，“奇安信开源项目检测计划”对 1364 个开源软件项目的源代码进行了安全检测，代码总量为 124,296,804 行，共发现安全缺陷 1,859,129 个，其中高危缺陷 117,738 个。在这 1364 个开源软件项目中，整体缺陷密度为 14.96 个/千行，高危缺陷密度为 0.95 个/千行。

1. 编程语言分布情况

在 2020 年检测的 1364 个开源项目中，一共涉及 7 种编程语言，分别是Java、C/C++、Python、OC、Go、JavaScript、PHP。

2. 典型安全缺陷检出情况

程序员在编写软件代码时，经常会出现的典型安全缺陷包括输入验证、路径遍历、跨站脚本、注入、NULL引用、资源管理、密码管理、API误用、配置管理、日志伪造等10类。

典型安全缺陷的检出率可以体现出软件源代码的基本安全状况（检出率是指含有某类缺陷的软件项目数占软件项目总数的比例）。在2020年检测的1364个开源软件项目中，10类典型安全缺陷的总体检出率为56.3%，每类典型缺陷的检出率及排名如表2所示。

表2

排名	缺陷类型	检出率
1	输入验证	34.9%
2	路径遍历	30.7%
3	注入	28.6%
4	NULL引用	24.8%
5	API误用	24.3%
6	资源管理	20.7%
7	跨站脚本	19.1%
8	日志伪造	17.9%
9	密码管理	13.8%
10	配置管理	12.9%

（三）开源软件公开报告漏洞状况分析

据奇安信代码安全实验室监测与统计，截至2020年年底，CVE/NVD、CNNVD、CNVD等公开漏洞库中共收录开源软件相关漏洞41,342个，其中5,366个为2020年度新增漏洞。

1. 大型开源项目漏洞总数及年度增长TOP 10

截至2020年年底，历史漏洞总数排名前10位的大型开源项目信息如表3所示。

表3

序号	大型开源项目	历史漏洞总数
1	Linux Kernel	4,193
2	Chromium(Google Chrome)	2,658
3	Mozilla Firefox	2,093
4	Thunderbird	1,023

续表

序号	大型开源项目	历史漏洞总数
5	MySQL	997
6	PHP	653
7	Wireshark	597
8	ImageMagick	597
9	WordPress	561
10	GitLab	465

2020 年全年，公开报告漏洞数量增长排名前 10 位的大型开源项目信息如表 4 所示。

表 4

序号	大型开源项目	2020 年漏洞数量
1	Chromium(Google Chrome)	261
2	GitLab	237
3	Linux Kernel	235
4	Mozilla Firefox	157
5	Mattermost	143
6	MySQL	139
7	Thunderbird	81
8	Oracle VM VirtualBox	70
9	QEMU	46
10	Xen Project（Hypervisor）	43

2. 主流开源软件包生态系统漏洞总数及年度增长TOP 10

截至 2020 年年底，主流开源软件包生态系统中历史漏洞总数排名前 10 位的开源软件信息如表 5 所示。

表 5

序号	大型开源项目	所属包生态系统	历史漏洞总数
1	TYPO3 CMS	Packagist	101
2	Ruby on Rails	Rubygems	89
3	OpenSSL	Switft	95
4	Exiv2	Conan	80
5	Plone	Pypi	79

续表

序号	大型开源项目	所属包生态系统	历史漏洞总数
6	Apache Struts	Maven	78
7	Django	Pypi	76
8	Dolibarr ERP & CRM	Packagist	73
9	Symfony	Packagist	73
10	Puppet	Rubygems	70

2020 年全年，主流开源软件包生态系统中公开报告漏洞数量增长排名前 10 位的的开源软件信息如表 6 所示。

表 6

序号	大型开源项目	所属包生态系统	历史漏洞总数
1	jackson-databind	Maven	26
2	Keycloak	Maven	22
3	Dolibarr ERP & CRM	Packagist	20
4	Ansible	Pypi	18
5	Openfire	Maven	16
6	Electron-Cross-Platform Desktop Application Shell	NPM	16
7	Centreon	Packagist	14
8	Drupal (core)	Packagist	14
9	TYPO3 CMS	Packagist	14
10	October CMS	Packagist=	13

（四）开源软件活跃度状况分析

活跃度也是衡量开源软件安全性的一个重要维度。不活跃的开源软件，无论是更新频率很低，还是被废弃，一旦出现安全漏洞，且难以得到及时的修复，则带来的安全风险就会很高。在活跃的开源软件中，如果其版本更新的频率过高，同样会增加使用者运维的成本和安全风险。因此，在选择使用开源软件时，应该充分考虑这两个因素。

这里分析了 2020 年主流开源软件包生态系统中开源软件的版本更新情况，可以在一定程度上体现当前开源软件活跃度的整体状况。

1. 61.6%的开源软件项目处于不活跃状态

我们将一年内未发布过更新版本的开源软件项目定义为不活跃项目。2020 年全年，主流开源软件包生态系统中不活跃的开源软件项目数量为 2,347,794 个，占比达到 61.6%。

本文对 8 个典型的开源软件包生态系统进行了分析和比较，这 8 个包生态系统为Maven、NPM、Packagist、PyPi、Godoc、Nuget、Rubygems、Swift，其中NPM的不活跃项目的数量最多，达到 1,018,533 个，Rubygems的不活跃项目比例最高，占比达到 86.5%，具体数据见如表 7 所示。

表 7

序号	包生态系统	项目总数	不活跃项目数	不活跃项目比例
1	Maven	487,799	272,555	55.9%
2	NPM	1,559,835	1,018,533	65.3%
3	Packagist	309,125	208,890	67.6%
4	PyPi	287,113	170,044	59.2%
5	Godoc	234,579	143,685	61.3%
6	Nuget	307,336	187,238	61.0%
7	Rubygems	163,392	141,259	86.5%
8	Swift	77,015	59,521	77.3%

2. 有 13,000 多个开源软件在一年内发布过 100 多个更新版本

2020 年全年，在主流开源软件包生态系统中，发布过 100 个以上更新版本的开源项目有 13,411 个。在前面提到的 8 个典型的开源软件包生态系统中，一年内发布过 100 个以上更新版本的项目数量如表 8 所示。

表 8

序号	包生态系统	对应的开发语言	一年内发不过去 100 个以上更新版本的项目数量
1	NPM	JavaScript	8317
2	Maven	Java	2264
3	Nuget	.NET	1104
4	PyPi	Python	613
5	Packagist	PHP	554
6	Swift	Swift	281
7	Godoc	Go	193
8	Rubygems	Ruby	38

三、国内软件开发中开源软件的应用状况

现代软件的源代码绝大多数是混源代码，由企业自主开发的源代码和开源软件代码共同组成。这里将针对国内企业在进行软件开发工作时，使用的开源软件的具体情况进行分析。这里主要回答两个问题：国内企业在软件开发中是否使用以及使用了多少开源软件；使用的开源软件是否存在安全问题。

2020 年全年，奇安信代码安全实验室对 2557 个国内企业软件项目中使用的开源软件的情况进行了分析，这些软件项目的应用领域涉及政府、金融、能源等。分析发现，国内企业在软件开发中普遍使用存在已知漏洞的开源软件，因此存在巨大的软件供应链安全风险。具体分析数据如下。

（一）开源软件总体使用情况分析

1. 国内企业软件项目 100%地使用开源软件

在 2557 个被分析的国内企业软件项目中，均使用了开源软件。最多的项目使用了 3878 个开源软件，平均每个项目使用 126 个开源软件。使用开源软件最多的 5 个项目如表 9 所示。

表 9

项目名称	使用的开源软件数量
项目 1	3878
项目 2	3838
项目 3	3536
项目 4	3062
项目 5	2637

经过后续调研和访谈后我们还发现，软件项目中使用的开源软件的数量大大超出了软件项目管理者和开发者自身的认知。由于开源软件之间的依赖关系错综复杂，且软件开发中依赖包的管理通常是通过包管理器程序自动进行的，因此软件开发者常常意识不到自己使用了数量巨大的开源软件。当某个开源软件曝出安全漏洞时，软件开发者常常“躺枪”而不自知，这隐含了巨大的软件供应链安全风险。

2. 流行开源软件被近 1/4 的软件项目使用

一些流行的开源软件会被很多软件项目使用，这些开源软件一旦出现安全漏

洞，影响面将会非常巨大。对于大型企业来说，企业内部可能有数以百计的软件开发项目，因此更需要对流行开源软件保持足够的关注和重视，做到对其在本单位内的使用情况心中有数。

经统计，在我们分析的 2557 个国内企业软件项目中，被使用最多的开源软件为Apache Commons Lang，被 622 个项目所使用，占比达 24.3%。被使用最多的前 5 位的开源软件如表 10 所示。

表 10

开源软件名称	使用它的项目数量	使用率
Apache Commons Lang	622	24.3%
Apache Commons Collections	620	24.2%
Dem4j: Flexible XML Framework for Java	563	22.0%
Simple Logging Façade for Java(SLF4J)	510	19.9%
Javax Inject	472	18.5%

（二）开源软件漏洞风险分析

1. 近 9 成软件项目存在已知开源软件漏洞

分析发现，在 2557 个国内企业软件项目中，存在已知开源软件漏洞的项目有 2280 个，占比高达 89.2%；存在已知高危开源软件漏洞的项目有 2062 个，占比为 80.6%；存在已知超危开源软件漏洞的项目有 1802 个，占比为 70.5%。

2. 平均每个软件项目存在 66 个已知开源软件漏洞

在2557个国内企业软件项目中，共检出168,604个已知开源软件漏洞（涉及4166个唯一的CVE漏洞编号），平均每个软件项目存在 66 个已知开源软件漏洞，最多的软件项目存在 1200 个已知开源软件漏洞。存在已知开源软件漏洞数量排名前 5 位的项目情况如表 11 所示。

表 11

项目名称	存在的开源软件漏洞数量
项目 1	1200
项目 2	1013
项目 3	649
项目 4	517
项目 5	426

3. 影响最广的开源软件漏洞存在于44.3%的软件项目中

从漏洞的影响度来分析，影响范围最大的开源软件漏洞为CVE-2020-5421，它影响了44.3%的软件项目。影响度排名前位5的开源软件漏洞情况如表12所示。

表12

漏洞名称	CVE编号	影响的项目数量	影响度
Spring Framework安全漏洞	CVE-2020-5421	1132	44.3%
Google Guava访问控制错误漏洞	CVE-2020-8908	1021	39.9%
Apache Log4j信任管理问题漏洞	CVE-2020-9488	1020	39.9%
FasterXML jackson-databind代码问题漏洞	CVE-2020-8840	905	35.4%
FasterXML jackson-databind代码问题漏洞	CVE-2020-25649	866	33.9%

4. 15年前的开源软件漏洞仍然存在于多个软件项目中

分析发现，部分软件项目中存在十几年前公开的古老开源软件漏洞，最古老的漏洞是2005年11月公开的CVE-2005-3510，仍然存在于31个项目中。部分古老开源软件漏洞的影响情况如表13所示。

表13

漏洞名称	CVE编号	发布日期	影响的项目数量
Apache Tomcat目录列表拒绝服务漏洞	CVE-2005-3510	2005.11.06	31
Jetty URL编码的反斜杠源代码泄露漏洞	CVE-2005-3747	2005.11.22	41
Apache Tomcat跨站脚本攻击漏洞	CVE-2005-4838	2005.12.31	32
Apache Struts ActionForm拒绝服务漏洞	CVE-2006-1547	2006.03.30	32
Apache Struts特定参数安全绕过漏洞	CVE-2006-1546	2006.03.30	32

（三）开源软件运维风险分析

开源软件运维风险复杂多样，这里主要从老旧开源软件的使用和开源软件多版本的使用角度进行分析。

1. 18 年前的老旧开源软件版本仍在使用

分析发现，许多软件项目中使用了十几年前发布的开源软件版本，因此存在很大的运维风险。在被使用的老旧开源软件版本中，最老的一款是 2003 年 3 月 3 日发布的Apache Xalan 2.5.D1，已经有 18 年之久，但仍然被 7 个软件项目所使用。按老旧程度排名前 5 位的开源软件如表 14 所示。

表 14

开源软件名称	版本号	版本发布容器	使用它的项目数量
Apache Xalan	2.5.D1	2003.03.03	7
XML Pull Parsing API	1.1.3.1	2003.06.17	273
JDOM	1.0-FCS	2004.09.03	25
SSL-Ext	1.2-0	2004.10.04	17
JBoss J2SE	200504122039	2005.04.26	14

2. 开源软件的版本使用非常混乱

分析发现，各个项目中开源软件使用的版本非常混乱，并非使用的都是最新版本。Spring Data是被使用版本最多的开源软件，有 162 个版本在被使用。按照被使用版本的数量排序，排名前 5 位的开源软件情况如表 15 所示。

表 15

开源软件名称	被使用的版本数量
Spring Data	162
jackson-databind	141
Apache Tomcat	132
Jetty	126
Hibernate ORM	121

四、总结及建议

软件供应链已经成为网络空间攻防对抗的焦点，直接影响到关键基础设施和重要信息系统的安全。

为了应对软件供应链安全挑战，美国 2021 年发布了《关于加强国家网络安全的行政命令》，明确提出要增强美国联邦政府的软件供应链安全，要求向美国联邦政府出售软件的任何企业，不仅要提供软件本身，还必须提供软件物料清单

（SBOM），明确该软件的组成成分。该行政命令还要求美国国家标准与技术研究院（NIST）在 6 个月内发布软件供应链安全指南，并在 1 年内发布最终指南。该行政命令被认为是迄今为止美国联邦政府为保护美国软件供应链安全而采取的最强劲的措施。

当前，我国在软件供应链安全方面的基础比较薄弱，亟需从国家、行业、机构、企业各个层面建立软件供应链安全风险的发现能力、分析能力、处置能力、防护能力，从整体上提升软件供应链安全管理的水平。

现代软件的供应链非常复杂，软件供应链安全管理是一个系统工程，需要长期持续的建设。

基于奇安信代码安全实验室的研究和实践，建议从以下方面入手开展软件供应链安全相关的工作，并在此基础之上不断增强和完善。

（一）对国家与行业监管层面的建议

- 制定软件供应链安全相关的政策要求、标准规范和实施指南，建立长效工作机制。
- 建立国家级/行业级软件供应链安全风险分析平台，使其具备系统化、规模化的软件源代码缺陷和后门分析、软件漏洞分析、开源软件成分及风险分析等能力，为关键基础设施、重要信息系统用户提供日常的自查服务，及时发现和处置软件供应链安全风险。
- 在产品测评、系统测评等工作中纳入软件供应链安全的内容，针对软件的源代码、制成品、运行中的软件系统等进行软件供应链安全的测试和评估。

（二）对软件最终用户层面的建议

- 参照监管要求及业内优秀实践，明确本单位内部软件供应链安全管理的目标、工作流程、检查内容、责任部门，并赋予责任部门足够的权力。
- 在采购商业软件时，应充分评估供应商的安全能力，并与供应商签署安全责任协议，要求供应商提供其软件产品中所使用的第三方组件/开源软件的清单，并明确要求，一旦这些第三方组件/开源软件出现安全漏洞，供应商需同样承担安全责任，并提供必要的技术支持。
- 在自行开发软件系统或委托第三方定制开发软件系统时，应遵循软件安全开发生命周期管理流程，针对软件源代码进行安全缺陷检测和修复，同时要重点管控开源软件的使用，建立开源软件资产台账，持续监测和消减所使用的开源软件的安全风险。

（三）对软件厂商层面的建议

- 提高安全责任意识，将安全作为产品的基础属性来对待，严控产品的安全质量。
- 建立清晰的软件供应链安全策略，明确本单位内部软件供应链安全管理的目标、工作流程、检查内容、责任部门，并赋予责任部门足够的权力。
- 严格管控上游，尤其是重点管控开源软件的使用，建立开源软件资产台账。建议采用可融入软件开发流程的开源安全治理工具，持续监测和消减所使用的开源软件的安全风险。
- 严控自主开发的代码质量，建议采用可融入软件开发流程的软件源代码安全分析工具，持续检测和修复软件源代码中的安全缺陷与漏洞。
- 建立完善的产品漏洞响应机制，包括产品漏洞信息的收集、漏洞报告渠道的建立和维护、漏洞补丁的开发和发布、客户端漏洞应急响应和修复支持等。

转型中的制造业成网络攻击主要受害者

（李建平 虎符智库&安全内参总编辑）

一、引言

2020年，网络犯罪组织为窃取知识产权或通过勒索攻击获取经济利益，对制造业发起了大量的网络攻击，制造业成为全球受威胁最大的行业之一。

据IBM 2020年发布的威胁情报，2020年第一季度，勒索软件攻击在所有行业增长了25%，但针对制造业的攻击增加了156%。Verizon发布的2020年度的《数据泄露调查报告》则确认了922起针对制造业的网络攻击，其中381起导致敏感数据泄露。

网络攻击会导致制造业的敏感数据泄露、知识产权被窃，甚至导致生产中断，无法履行客户订单。在极端情况下，最严重的攻击可能对制造商的工厂和设备造成永久性损害，导致市场份额损失，甚至导致制企业破产。

二、勒索与知识产权窃取是两大主要威胁

目前，勒索攻击和知识产权窃取是对制造业破坏性最大的网络威胁。针对制造业的大多数攻击出于经济动机，但有相当多的攻击案例显示，网络间谍同样是制造业面临的主要威胁。

根据Verizon发布的2020年度的《数据泄露调查报告》显示，在针对制造业的攻击活动中，出于经济目的的占75%，间谍窃密的则占27%。2020年，我们经历了针对丰田汽车、特斯拉、富士康等知名制造企业的勒索软件攻击。

（一）勒索软件攻击往往导致企业生产线停顿，造成巨大损失

制造业需要大量的正常运行时间才能满足生产要求，任何导致停产的攻击都可能造成大量损失。因此，制造业可能更愿意向攻击者付款。根据基伍咨询公司2020

年发布的报告显示，制造业在勒索软件支付方面的支出超过了其他任何行业，共支付了 690 万美元。根据IBM与Dragos的调查，针对制造业的勒索攻击占到针对所有工业组织勒索攻击的1/3。

（二）与勒索攻击相比，知识产权窃取是更加致命的攻击

制造业在知识产权方面投入了大量资金，通常是企业最有价值的资产。因此，以知识产权窃取为目的的攻击会对企业造成严重的损失，甚至影响所在国家的经济。

（二）制造业高管需要将知识产权保护作为他们的首要考虑

创新和创造力是制造业企业的核心，网络犯罪分子窃取的商业秘密可能足以使企业倒闭。这是所有企业都需要考虑知识产权保护的重要原因。在了解知识产权被窃取的风险后，企业可以制定更严格的政策，更好地应对此类攻击。

三、针对制造业的网络威胁日益复杂

安全专家发现，针对制造业的攻击，无论攻击目标是窃密还是勒索赎金，网络攻击者所使用的工具都越来越先进，越来越多样化，并开始使用人工智能和自动化技术。

许多制造企业还在运行不安全的传统系统。这些系统通常已使用了很久，在设计时只考虑了效率和合规问题，而忽略了网络安全和数据隐私风险。随着攻击手段的日益先进，攻击者总可以找到更多具有创造性和破坏性的方法来攻破这些系统。

此外，由于制造业的供应链均由小企业构成，存在小企业数量众多且较为分散的特点，因此成为攻击组织寻求企业薄弱环节的重要目标。2020 年年初，安全专家经调查研究后发现，攻击组织可直接使用供应商与合作伙伴之间的合法远程连接或协作方案，绕过防护严密的边界防护，成功进入攻击目标的网络。

此外，制造业的数字化转型，导致其工控系统成为攻击者的重要目标。Dragos 公司发现，2018 年 1 月到 2020 年 10 月，针对工业企业的勒索攻击每月逐步增加，在 2020 年 5 月达到高峰。

对于高度依赖计算机系统开展生产、自动化、质量保证、监控和安全的工业活动，勒索软件具有巨大的破坏性。攻击会导致生产过程中断，出现长时间的停工，由此造成巨大的损失。

制造业目前正在经历称为工业 4.0 的数字化转型。无论是德国工业 4.0、中国制

造 2025 计划，还是世界经济论坛所称的第四次工业革命，都体现出制造业和运营技术（OT）在数字经济中的地位。

第四次工业革命的到来，使IT与OT日益融合，智能互联设备的使用也日益增多。制造业还在生产环境中部署越来越多的物联网（IoT）设备以提高生产效率。高度互联的系统和供应链给企业带来了巨大的收益，但是也带来了潜在的严重漏洞，使得企业无法全面了解其风险暴露面和攻击面的问题，尤其是在涉及其他互连系统、网络和供应链时。

据奇安信星迹平台（用于捕获网络攻击的蜜罐系统）统计，目前平均每天收到PoC漏洞利用的流量约 300 万次，经抽样调查后发现，在漏洞利用次数的前十名中，有 9 个为物联网设备的漏洞。

在数字化的推动下，企业网络与外界的边界已基本消失，传统的安全方式、手段逐步失效，制造业面临更多的攻击和风险。例如，对制造商的勒索软件攻击突显了网络安全已发生了许多变化，也说明公司在应对不断发展的新攻击方法时，普遍比较脆弱。

奇安信公司董事长齐向东认为，智能制造有三大发展趋势：大数据成为智能制造的发展核心；云边协同成为智能制造的发展主流；5G技术引领智能制造的发展方向。因此，制造业的安全挑战主要来自三方面：数据安全、云安全和场景安全。

但制造商似乎还没有跟上这种不断变化的网络安全形势。有调查发现，制造业在影响网络弹性的关键领域落后于其他行业：只有不到 2/3 的被调查企业制定了内部网络安全计划；只有 59%的企业制定了安全响应计划；还有 37%的企业未开展持续的员工安全意识培训。

随着制造业逐步推进数字化，更多网络犯罪组织会将其视为高价值目标，制造企业是时候重新考虑网络安全的重要性了。

四、探索制造业安全防护新方法

当前，很多制造业在着手加强网络安全防御，并努力实施基础性的安全工作，如修补老系统中的安全漏洞等。但是，大多数企业防护都无法领先于攻击者。

传统安全防御所基于的基本假设是，通过防护可以将攻击者拒之门外。但是，事实并非如此，否则我们就不会看到频发的网络安全事件了。业界对传统的“城堡和护城河”防御模式的弊端已经形成了共识，现在必须考虑新的安全防护方式了。

首先，需要基于内生安全的理念，提升制造业IT与OT系统的自身防护能力，推动安全从规划、设计阶段就纳入考量。这意味着，需要构建智能制造的“内生安全”，把单一的围墙式防护变成与业务系统融合的多重、多维度防御。内生安全要求信息系统的安全体系具有自我免疫、内外兼修、自我进化的三大特点。

此外，优先考虑“安全内置于数据本身”的以数据为中心的方法。为了阻止对制造业的攻击，必须从“扎高篱笆”的方法转到数据安全防护的步骤，即从阻止攻击者访问数据转移到保护数据本身。这就意味着无论数据存在于何处，无论是静止、传输还是在使用状态，都应对其进行保护。

通过采用 100%加密的原则，安全专家不再需要花费大量的时间来调整数据分类规则，从而可以对重要数据进行更严格的保护。

无论数据存在何处，都对其进行安全保护，这可以确保即使数据被盗，仍受到保护。这意味着数据对于窃取者来说是无用的，即使是被公司员工盗取。

2020 年发生的多起APT攻击说明，在网络攻击面前，没有哪个机构可以幸免。身处转型中的制造业，需要投入更多资源，避免自己成为下一次网络攻击的受害者。

07

第 7 章 零信任

基于零信任构建数据安全动态授权体系

（张泽洲 奇安信集团身份安全事业部总经理）

一、背景

随着数字化转型的不断深入，数据已然成为重要的生产要素。数字化业务的开展改变了信息化环境，数据由静止转向流动，数据使用场景发生了改变，因此数据安全的应用场景也发生了变化，其保护难度加大。

在数字化场景下，保护对象从云网端和运行环境扩展到数据核心资产，保护对象的变化意味着防御措施和手段也需要更新。数据安全管理和技术需要融合，才能有效支撑技术的落地执行。同时，随着数据应用场景和参与角色的多样化，在复杂的应用环境下，保证重要数据、核心数据以及用户个人隐私数据等敏感数据不发生外泄，成为数据安全防护的首要需求。

二、数字时代的数据安全挑战

随着数据资产价值的扩大、业务复杂度和增加，以及IT架构复杂性的增加等，数据面临的风险也越来越多元化。来自外部的安全攻击、内部的安全威胁，以及人为错误也在逐步递增，数据安全面临以下 4 个方面的挑战。

（一）边界弱化，企业资源暴露面增加

随着新一代信息技术的快速演进，应用架构也在随技术发展而不断演进，这打破了传统单体架构部署于数据中心内的模式，由数据中心向云端、终端等各个环节不断延伸。同时，新场景叠加的安全风险不容忽视，企业与组织等的信息化系统正在面临来自多方面的严峻挑战。业务系统面临着多种类型的终端设备接入、组织的网络环境愈发多样、应用架构随基础架构的升级不断演进，这导致面临的威胁显著增多，企业资源的暴露面不断增加。

（二）攻击的目标从网络转向身份、应用和数据

数据价值的凸显引来了更多的攻击者，网络攻击也从原来的针对平台、网络、系统转变为针对身份、应用和数据。比如，攻击者利用泄露的身份凭证绕过边界防护或者应用和数据的访问权限，对组织机构或最终用户造成灾难性的损害。

（三）远程办公增加了数据泄露和权限滥用风险

远程办公已经逐步成为一种常态化的工作模式，这也是移动办公延展后的必然结果。各种接入人员的身份和权限管理混乱、弱口令屡禁不止、接入设备的安全性参差不齐、接入程序的漏洞无法避免等，这都可能导致数据更容易“意外”泄露。如何确保数据在流经、留存的各种计算环境、终端设备上的安全变得充满挑战。

（四）内部威胁成为数据泄露的主要原因

内部威胁一方面指内部人员因为安全意识的疏忽或操作的失误暴露了某些安全脆弱环节，从而导致被攻击者利用而造成的数据泄露等安全事件，另一方面指组织中内部员工通过滥用访问权限、违规获取访问权限等行为窃取组织的数据资源。例如水滴泄密，即企业内部员工利用自身的合法权限每天下载少量的敏感数据，在敏感数据积累到一定程度后对其进行加密压缩，然后外发到个人网盘。

历年的“净网行动”曾发现多起内部员工恶意窃取数据的事件。虽然部分“内部人员”的权限较低，但他们仍可以通过盗用高权限人员的账号密码等信息登录内网获取敏感数据。

三、基于零信任构建数据安全动态授权体系

数字时代的安全理念和方法需要演进，其核心思路就是从静态到动态的转变。数字时代的信息化环境是动态的，业务需求是动态的，风险也是动态的，数据管控需求必然也是动态的，需要用动态的安全思路来应对这些新需求、新挑战。零信任就是这样一种基于动态策略的安全理念和方法。

零信任理念强调以数据资源为中心，针对要保护的数据制定细粒度的权限策略。策略通过主体、客体和环境的多维属性来构建并持续评估，如果影响策略的属性发生改变，用户的权限就自动改变。这是一种弹性的、敏捷的思路，可以有效地对数据实施保护。

（一）零信任理念与方法

零信任是一种以资源保护为核心的网络安全理念。它认为对资源的访问，无论来自内部还是外部，主体和客体之间的信任关系都需要通过持续的评估进行动态构建，并基于动态信任策略实施访问控制。零信任架构遵守最小权限原则，采用多属性动态访问策略，实现主体与客体之间的端到端访问控制。

零信任的实质是在“网络可能或已经被攻陷、存在内部威胁”的环境下，把安全能力从边界扩展到主体、行为、客体资源，构建“主体身份可信、业务访问动态合规、客体资源安全防护、信任持续评估”的动态综合纵深安全防御能力（见图 1）。

图 1

零信任架构围绕身份、设备、应用与工作负载、网络与基础设施、数据几个维度，构建动态访问控制能力，通过统一管理平台，对用户访问应用、应用之间的相互访问、数据访问、特权访问等典型的企业访问场景进行动态策略管控。

零信任也是一种持续演进的企业安全策略，在统一的企业安全访问框架下持续规划、构建和运营，持续地提升企业数据安全访问治理、访问可见性与分析、动态策略联动与编排的能力。

（二）在数字化背景下理解和实践零信任

零信任的关键之一在于把控制的执行层面从基础设施扩展到应用和数据层面。如果仅仅把访问控制的执行放在网络通道层面解决，则失去了零信任的初衷，也就没有从数据和应用角度进行细粒度的访问控制。这也是目前实践零信任时普遍存在的误区和问题。

事实上，美国政府应用零信任的初衷，也是基于保护数据这一目标开展的。或者说，零信任是美国政府在数字现代化道路上的一种策略选择。仅自2019年以来，美国陆续发布了十余项零信任相关报告、规划等政策、引导性文件，推动零信任进入快速发展期。

我国一些大型政企客户对零信任的应用，大多始于各类数字化场景的需求，围绕业务和数据的动态细粒度防护展开，其技术成熟度已充分验证，并在保护数据和应用方面取得了很好的效果。

在政策层面，零信任在数据安全领域的应用也得到广泛重视。2021年2月，《北京市“十四五”时期智慧城市发展行动纲要》中，在第五项主要任务“把握态势、及时响应，保障安全稳定”中提出“探索构建零信任框架下的数据访问安全机制”。

2021年7月12日，工业和信息化部发布的《网络安全产业高质量发展三年行动计划（2021-2023年）（征求意见稿）》中提到，推动网络安全架构向内生、自适应发展，加快开展基于开发安全运营、主动免疫、零信任等框架的网络安全体系研发。这明确了零信任作为网络安全关键技术的定位、方向和作用，再次强调要加快开展基于零信任等的网络安全体系研发。

在2021年的工业和信息化部大数据产业发展试点示范项目中，也有“面向垂直行业的零信任大数据安全访问平台建设及应用”和“基于零信任的大数据安全保护体系”两个零信任项目入选。

综上，零信任逐渐成为数据安全背景下的策略选择，也只有在数字化背景下理解和应用零信任，才能充分发挥零信任的巨大安全价值。

（三）零信任动态授权体系能力

数据安全系统必须是内生安全系统，需要使用“网络安全建设三部曲”（内生安全的理念、内生安全框架的方法以及经营安全）做到动态掌控，而经营安全需建立“一中心两体系”（即态势感知与运营管控中心、安全防护体系以及零信任体系），从而打造认知、安全、授权三个重要能力。“一中心两体系”的关系如图2所示。

态势感知与运营管控中心是大脑、四肢、武功的三合一，将认知能力落地。“大脑”是监管态势，“四肢”是运营态势，“武功”是攻防态势。态势感知与运营管控中心将监管态势、运营态势、攻防态势合为一体，能确保及时看到威胁、揪出威胁、阻断威胁。

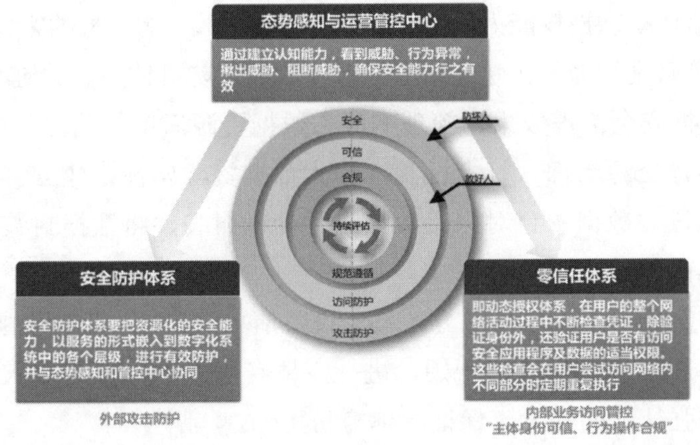

图 2

网络安全防护体系是安全能力的落地，是对实体进行安全防护的关键能力。建立网络安全防护体系要实现能力、数据和人才的“三聚合”，即将安全能力和IT能力聚合、将安全数据和IT数据聚合、将安全人才和IT人才聚合。而“三聚合”的前提是把安全产品“三化”，即能力化、资源化、服务化。

零信任体系即动态授权能力的落地。数据安全访问的痛点是信任问题，而动态授权体系是数字化时代解决信任问题的手段，通过在数据层面进行分类分级，在访问层面进行精细化访问控制的方式，明确是什么部门的什么人、在什么地方、因为什么任务、访问什么数据中的什么字段。

数据保护需要零信任体系与数据安全防护体系结合，做到“主体身份可信、行为操作合规、计算环境与数据实体有效防护”，确保合适的人在合适的时间，以合理的方式，访问了合适的数据，如图 3 所示。

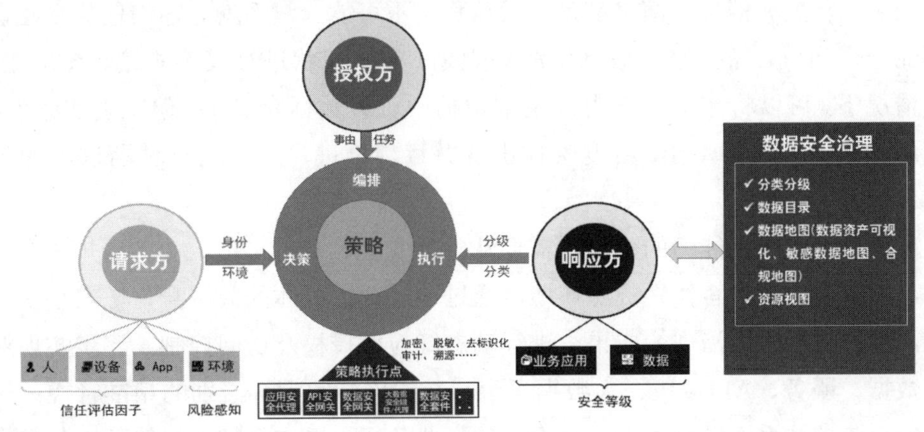

图 3

要构建零信任动态授权能力，需要对请求方的主体、响应方的客体资源、授权方的访问需求和策略进行抽象，建立一套全链路的纵深防御体系。关键举措如下所示。

- 基于数据安全治理成果，梳理响应方数据资源清单与属性，构建数据视图。进行客体资源治理，打上标签，作为数据资源属性；建立客体数据资源目录。通过大数据中台对原始数据进行处理封装，将数据封装成服务，以供主体访问。
- 构建身份视图，梳理请求方人员、设备清单与属性，明晰数据访问上下文。从设备和用户身份认证开始，进行主体身份治理，采用实人认证、设备认证来加强认证的强度，保证主体身份可信。
- 基于授权方需求，构建以资源为中心的统一策略管控体系。对应用、功能、数据的权限进行统一管理，通过基于属性的访问控制机制进行精细化的业务合规控制，保证数据仅在其职责范围之内使用。业务规则使用自然语言进行描述，再转化为可以进行属性精细化描述的表述性语言。通过各种代理、服务、微隔离等进行策略的执行。
- 持续进行信任评估与策略治理。采集主体环境感知数据（包括系统环境、网络环境、软件环境、物理环境、时间、地点等），建立环境信任风险等级，同时还采集用户和应用行为数据，持续对访问会话进行评估，动态调整安全策略。

四、以工程化思维推进零信任安全架构建设

数字化转型和信息化演进都是一段旅程，不可能一蹴而就。零信任体系建设也不可能一蹴而就，需要结合信息化演进规划、安全现状进行妥善规划、逐步建设。理想情况下，可以将零信任能力内生到数据中台或数据仓库中，但在现实条件下，从应用功能、API接口的细粒度管控出发并逐步推进，不失为一种渐进式的建设方法。

零信任动态授权能力的建设，需要从实体安全、身份可信、业务合规 3 个目标出发，抽象出主体、客体、资源环境，通过动态评估主体的数字身份、安全状态和信任，结合数据安全治理的成果，进行动态细粒度授权及访问控制，逐步实现对应用和数据、服务、API接口、大数据平台、数据库行和列等级别的精准管控；结合数据安全防护体系，做到“主体身份可信、业务行为操作合规、计算环境与数据实

体有效防护”。

在零信任的实践与落地过程中，安全从业者不能只是作为业务的旁观者，而是作为一个积极的业务共同建设者，通过同步规划、同步建设和同步运营全程参与到数字化建设中。处理好零信任与现有信任基础、安全手段的关系，解决建设信息化系统的各方在采用零信任体系架构时的规划、协同问题，正确引导零信任的安全规划与建设实施。

数据安全体系建设之路只有起点没有终点，而基于零信任的动态授权体系会是一个不错的起点。零信任架构的出现是安全思维和业务发展融合的必然，它结合了业务发展现状和需求，与数据实体防护相结合，构建了更易落地的数据安全防护体系。

零信任——老树新花还是水到渠成

（伍海桑 北京志翔科技股份有限公司高级副总裁）

纵观IT演进的时间轴，即使与零信任相关的底层技术很早就出现了，但是零信任这个概念的历史都不算长。安全从来都是跟着业务走的，是为业务服务的，因此很难领先于业务而出现。但是，随着网络和服务模式的逐渐成熟，如何更加安全有效地获取信息、数据和服务，并避免被“不可靠”的其他因素干扰破坏呢？安全于是提上设计日程。

美国国防部在 21 世纪初提出了黑核（black core）的理念，提出安全模型应该从基于边界（perimeter）逐步演进到基于单次交易（individual transaction）。2004 年成立的Jericho Forum，其使命之一就是探求“去边界”趋势下的网络安全问题与解决方案。

“零信任”这个术语最早由Forrester分析师John Kindervag在 2010 年提出，他总结了传统网络架构中隐含式信任的潜在风险，认为安全会跟随服务模式变化，因此去边界化的时代应基于“零信任”原则来构建安全。

2014 年，Google对外公开了其内部项目BeyondCorp的研究成果。该项目的主要目的是为了推行员工随处可访问公司内部应用和数据的“零信任”模式，以提高生产效率。

其后几年，“去边界化”和“零信任接入”迅速演进。2020 年 8 月 12 日，美国国家标准与技术研究院（NIST）发布《零信任架构》正式版。《零信任架构》是迄今为止最为权威的零信任架构标准。2020 年底，Google也推出了Google云的对外商用平台BeyondCorp Enterprise，为其全球云租户提供端到端的零信任平台。

时至今日，“零信任”俨然已成安全领域最热门的词汇。而零信任是不是一个被过度营销的术语？零信任架构、零信任原则又该如何解读？志翔科技自 2014 年创立以来，就以“无边界安全”和“零信任原则”作为产品与方案的理念基础。因此本文不是“又一篇零信任白皮书”，而是从一个安全老兵的角度来聊聊对这些流行语背后的理解。

↘ 一、透过现象看零信任之本质

有关零信任的相关介绍，无论是白皮书，还是图书，从国际到国内已经汗牛充栋，因此本文不再赘述为啥网络是不可信的，以及哪些零信任能力更重要。不过，作者还是认为“零信任”这个术语被过度使用、被误用，甚至是被滥用了。

首先，“零信任”是名词还是形容词？在比较权威和技术的出版物中，“零信任”被公认为是一种理念（concept）、原则（principle）、模式（model）、思维方式（mindset），甚至一种安全框架范式（paradigm）。这些词都是框架性的，而不是针对某个技术和网元的具体定义——零信任实际上不是某个具象的产品或平台，而是一种安全框架。在零信任之下，必须谈一些具体的东西才有意义。

其次，把“零信任”作为定语又有哪些内容值得探讨？作者认为，首先需要探讨的是“零信任架构”（ZTA），它指的是基于零信任理念和原则，面向企业网络各部件关系、工作流规划和访问策略的企业信息安全架构。其次是“零信任网络访问”（ZTNA），它是一个更具体的场景描述，指的是应用零信任原则的网络和业务的访问方式与流程。

如果说零信任是“道”，那么在零信任范式下进行的架构变革，就走向了“术”。在操作层面上，“术”是最好理解的。各种对零信任能力的解读和总结很多，按照作者自己的理解，可以归纳为如下两条：

- 安全权限需以身份为基础，而且必须显式授予；
- 持续（continuous）、动态（dynamic）、自适应（adaptive）。

我们以微信举例来解释一下上面两条理解思路。无论是发消息还是进行支付，“你是谁”是微信辨别权限的标准，这个“你是谁”包括“账号”“手机号”“手机设备”等几类信息，这些信息组合起来就构成了一个使用者的身份和安全态势（security posture）。在使用小程序、公众号或换手机登录时，每次的重新校验和授权都体现了“身份”是访问服务的基础。

用支付这个场景举例则可简单说明显式授权。我们在每次支付时都要输入密码或者指纹，这些权限不会因为手机不变、商家不变、用户不变而默认赋予使用者，这就是“必须显式”授权。

针对异常的大额支付、异常地点的交易以及其他的可疑行为等，则必须持续监控，并动态提降权来保证安全。最后，零信任也要和便利共存，因此小额免密就是系统为用户开放的一种自适应功能。

所以，如果我们想用好零信任，就必须清楚认识到：

- 零信任不是某个产品或方案，而是一种安全框架范式；
- 零信任既然是框架，显然就不是灵丹妙药，不能药到病除；
- 零信任在起步时是新瓶里面装陈酒，其框架下的终端安全、身份认证、授权接入、微隔离、可视化、API安全等大多是已有的安全机制。然后以这些安全机制为基础，并在云服务和云生态的推动下，逐渐演进出“零信任”这瓶新酒。

二、零信任缘何忽然红火

说“忽然”有点误导读者。作为一种安全框架的零信任及其衍生的架构，大体上也遵循安全机制与其服务的IT设施和业务的关系来演进发展。

信息安全一直是随着其服务的对象来演进发展的。过去几十年，促进信息安全发展的几个因素涉及IT基础架构和技术的发展、行业的信息化和数字化进程，以及作为高科技本身的安全技术自身的发展。

近20年来，在IT基础架构和技术的发展浪潮中，虚拟化和云计算对科技行业基础设施的影响是颠覆性的，这些技术成为现代数据中心和业务建设的主流方式。云计算的颠覆性发展带来对云安全的新需求，也催生了“去边界”和“以身份为基石”的潮流。

不同行业的信息化、数字化进程是不一样的，这也带来了不同阶段的安全需求。互联网行业是云计算上半场的主力玩家，因此我们也能看到，零信任技术体系在电商、社交、移动支付等新兴领域最早得以完善。国内外互联网企业，无论是Google、Facebook还是阿里巴巴、腾讯，都在积极接受并拥抱“动态认证”“最小化权限管理”“事中转事前”的安全理念。而传统行业，如石油电力、机械生产、智能制造等在逐步完成数字化改造后，会成为云计算下半场的主力。这些行业的安全机制，如工控安全、工业物联网安全等，将站在零信任的肩膀上发展。

最后，安全与威胁是互相促进、交替前进的。新的加密算法基于大数据分析技术进行用户实体行为分析（UEBA），利用沙箱技术来识别恶意代码和异常行为，利用ML和AI技术还原攻击链等。这些技术的发展都让“持续”“动态”“自适应”这些零信任的基础变得可能。

因此，抛开营销的噱头不论，零信任并非“一夜成名”。安全技术本身具有附加性（跟随IT架构演进）、伴生性（作为对抗中的被动方，安全一定与行业场景相结合），以及发展的内在属性（数学、芯片、算法等会推动其进步）。而作为新安全框架的“零信任”，与云计算带来的去边界趋势、各行业的数字化进程，以及摩尔定律的溢出效应都息息相关。

事物的发展，总是偶然推动成必然。2020年以来，远程安全接入和业务不中断变成全球企业的头等大事，直接推动对零信任的需求指数级增长，零信任的火热自然水到渠成。

三、从口号到应用，王道是找到最适合的路径

读完业界的零信任白皮书后我们会发现，零信任能够涵盖从云到边到端的各种场景，包括远程办公、业务访问、分支安全接入、数据交换、大数据中心、云平台、物联网等。这些当然正确，因为零信任作为新安全范式，作为“道”，自然是放之四海而皆准的。但对安全厂商和安全用户而言，如何部署零信任呢？

作者的理解非常直接：空讲概念不如枚举场景。抛开场景来说零信任的框架，不亚于空中楼阁。

去边界化的趋势和零信任的模式，是志翔科技自2014年成立以来就一直持续探索的方向。我们在探索研究后发现，一方面，伴随着业务的逐渐上云，以及端系统的功能越来越强大、丰富，逐渐形成哑铃形的访问模式，外加本地周边的数据中心逐渐被云蚕食，内外网边界变得模糊。另一方面，中国的云市场与美国有明显的不同，大部分的头部云客户，如金融行业的客户、能源行业的客户，以及政府客户等，还在维持私有云和托管云的模式。当下不散的疫情给全世界都带来了远程办公的刚需，也带来了与零信任相关的有趣话题。

当前，VPN几乎是IT人员解决远程接入需求的第一选项，但是在超大规模和应用精细化的要求下，VPN捉襟见肘——尽管VPN在一定程度上满足了远程接入需求，但它给予了过多的隐含权限，而且这些权限正好与零信任原则对立，所以将VPN替换为零信任成为最经典的场景之一。

尽管不同行业的需求各自不同，但共通之处在于信任不可能被“趋近归零”，而最小权限的原则在实际应用中经常会给IT管理员带来诸多不便。最重要的是，企业的安全机制需要的是平稳过渡——我们的客户绝不接受立刻关闭VPN。在这些现

实情况下。志翔科技结合自身产品能力，找到了两个能与企业现有VPN形成最佳补充的场景。

- **南北向**：企业客户如何安全访问企业应用。
- **东西向**：企业工作负载之间的精细化保护。

从“道”上说，企业客户会关注自己的数字资产和业务如何管理（东西向），后续则更关注如何远程安全地访问这些业务（南北向），这正是志翔科技的零信任方案聚焦之所在。从“理”上说，志翔科技与客户沟通后探索出的方法是逐步建立身份化的体系，从大粒度开始，通过基于至安盾平台的零信任网关等形式建立不影响当前业务管控的基本框架，再基于行为进行精细化管控和持续优化；在服务端逐步引入基于用户身份的微隔离，对服务器、虚拟机、容器等工作负载进行更精细化的监测、保护以及安全可视化。

当然，挑战永远存在：接入侧的场景很复杂，用户行为差异化明显，需要不断积累场景才能提升产品的通用性；服务侧的稳定性和业务敏捷性是一对矛盾，如何隔离和协调异种工作负载等都是难题。

零信任承担的责任，对安全而言本来就是演进的大挑战。无论是政策、标准、运维、安全可视化和安全管理，还是南北向和东西向的网络、基础架构、身份安全、数据安全等，零信任面临的机遇和挑战并存共生，这也恰是其魅力所在。

四、写在最后：零信任的趋势

有数据显示，全球零信任安全市场的规模预计将从2020年的196亿美元增长到2026年的516亿美元，复合年增长率为17.4%。当然，定义一个“零信任安全市场”本身也是一件奇怪的事情。零信任如果是框架而非专门的产品和方案，则其规模应该是一堆双算的市场板块数字之和。

业务的数字化转型和云计算的发展，改变了网络安全的设计理念。传统的物理边界变得模糊后，安全的边界不再是数据中心边缘和企业网边缘的某个盒子。在云计算时代，应该基于以数据为中心的原则来部署安全，关心的问题应该是：谁；能访问什么业务和数据；应该授予何种访问权限；为什么需要这些权限；在授权范围访问是如何进行的，而不再是“业务在哪里”和“边界在哪里”。换句话说，传统的安全边界变成了无处不在的边界能力——动态创建、策略强化、权限管控、安全访问。以身份为基石的架构体系很快会成为业界主流，以身份为中心进行访问控制的零信任安全，必将得到越来越多的行业客户的认可与肯定。

安全的附加性、伴生性，以及安全技术发展的内在属性，决定了零信任的增长动力来自于云计算的发展、云计算下半场的用户的数字化转型逐渐到位，以及远程办公、授权访问和合规要求等。无论是企业的应用访问，还是公有云服务的提供，零信任模式都将成为安全行业发展的未来趋势。但是，零信任是过程，不是结果，而对于志翔科技这样的行业从业者而言，零信任是“道”，在道之下，如何明道、优术将是永恒的话题，这也正是网络空间安全的魅力所在。

在零信任的演进过程中，每个行业的信息化程度不一，对数据业务安全和敏捷性的要求也不同，因此不同行业在应用零信任网络访问（ZNTA）来解决VPN的问题时，其节奏和方式也各有差异。

在零信任方案在各个行业领域全面落地开花后，我们再根据其实际实践的效果反馈来进行进一步分析和总结。

08

第 8 章 密码技术

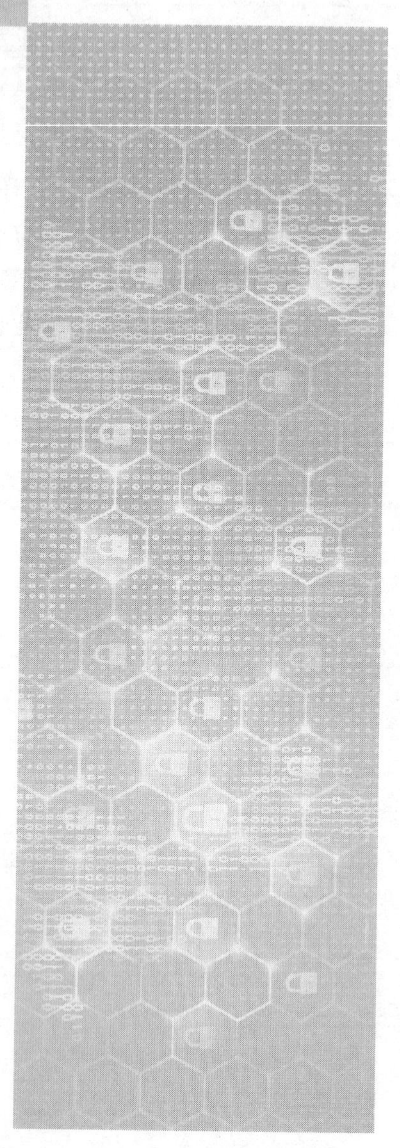

新时代下密码技术发展趋势思考

（白小勇　北京炼石网络技术有限公司）

当前，我国密码产业正在进入新的历史机遇期，信息技术、需求侧、监管侧发生的强烈变化，推动着密码供给侧的演进与升级，而信息技术应用创新产业（简称“信创”）又给国产密码产业的发展带来了新的契机。我们的密码产业应当抓住这个窗口期，将商用密码做强做优，夯实筑牢网络安全基石，为数字经济发展保驾护航。

一、新时代下密码市场分析

“十四五”规划加快了建设数字经济、数字社会、数字政府，开启全面建设社会主义现代化国家的新征程。密码作为保障网络与信息安全的核心技术和基础支撑，是数字时代的安全基因。

“十四五”时期也是在《中华人民共和国密码法》实施背景下加速做强密码产业的关键时期。在内因与外因的共同作用下，密码市场正在形成新格局。

（一）信息技术演进培育新土壤

现代密码技术作为信息技术的分支或延伸，决定了密码产品本身也属于信息技术产品。同时，密码技术要发挥安全价值，必须要融入和服务于信息系统。所以，信息技术是密码技术演进的土壤，信息技术的演进升级会对密码产品本身和对外服务形态产生重要影响。

以云计算为例，虚拟机技术催生出云交付形态的云密码机、云密钥管理系统等。同时，企业应用的云化又对密码产品和服务能力提出云兼容、弹性扩展、灵活管理等新需求，“用云交付密码”和“让密码服务于云”这两者的发展空间都非常广阔。

（二）监管差异化激活市场潜力

结合《中华人民共和国密码法》《商用密码管理条例（修订草案征求意见稿）》等法律法规，密码新监管可以概括为“一收一放”。“一收”是指通过《国家政务信息化项目建设管理办法》《贯彻落实网络安全等级保护制度和关键信息基础设施安全保护制度的指导意见》，对政务、网络安全等级保护（简称“等保”）、关键信息基础设施安全保护（简称“关保”）等头部市场“收”紧监管力度，拉动合规需求规模，提升合规供给质量；“一放”是指对商业市场落实“放管服”，“放”宽市场准入，充分唤醒密码需求。差异化的市场监管营造了更加公平开放的密码商业环境，可有效激活国内密码市场的潜力，并鼓励商用密码产业“走出去”，构建国内大循环为主体、国内国际双循环相互促进的新格局。

（三）密码需求多样化交织演进

企业安全建设更加注重结果导向，密码市场正在从“合规”为主，演化为“实战防护、国密合规、信创合规”的分层次叠加（见图1）。

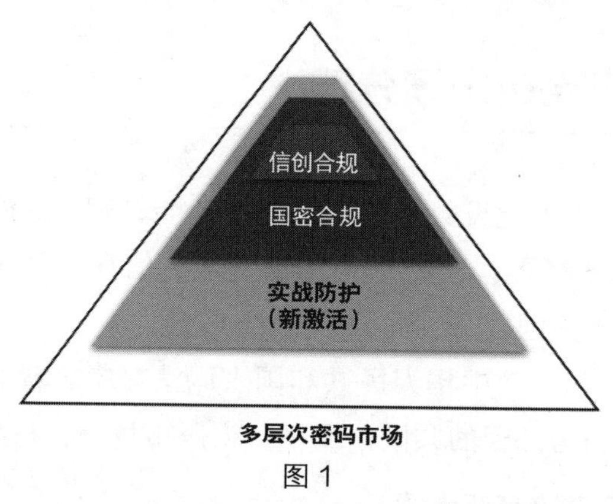

图1

从实战需求看，日趋严峻的网络安全威胁让企业面临业务风险。数字产业化迫切需要密码安全能力，而产业数字化转型则带来了密码新需求。从合规需求看，以密码应用与安全性评估（简称“密评”）为主要抓手，并结合信创的系统化合规将会持续深入，《中华人民共和国网络安全法》《中华人民共和国数据安全法》《中华人民共和国个人信息保护法》《关键信息基础设施安全保护条例》等也在持续带动企业使用密码技术的新需求。在不同角度需求的共同驱动下，实战与合规叠加推动的新密码市场正在加速形成。

二、密码产业供给侧发展趋势

面向“十四五”时期，在密码技术、需求和监管等诸多因素的影响下，密码产业供给侧正迎来前所未有的叠加演进和发展升级。

（一）密码技术进步促应用融合

一是密码和业务应用融合。传统密码产品的开发、改造、应用的密码集成模式门槛高、周期长、风险大，用户面临“难用、难管”的情况，很难将密码能力深入融合到信息系统。而业务应用的改造也正是密码防护和密评整改的难点，与金融、交通、医疗等行业应用场景紧密结合的密码需求也会更加细化。业内提出了基于“面向切面安全”的密码中间件模式，将安全与业务在技术上解耦，但又在能力上融合交织，提供轻量级改造应用的密码应用实施模式，有效防护企业应用与数据，让密码“好用、好管”。

二是一体化的密码平台集约建设。企业业务需求的持续变化决定了企业应用系统的复杂多样，而在密码全方位应用的背景下，针对每个应用分别实施密码防护会面临技术、管理等挑战。因此，亟待结合企业数字化现状和具体问题，遵循统一标准体系，建设统一密码平台，实施统一安全防护，落实统一运维监管，打造一体化的密码支撑体系。

（二）信息技术升级促产品演进

一是新一代信息技术加速促使密码产品的演进。例如云模式交付拉动密码产品向“云原生”发展，从传统密码产品以硬件为主，转向侧重软件形态的软硬均衡。而新发布的《信息安全技术 信息系统密码应用基本要求》（GB/T 39786-2021）也规范了密码软件合规要求，属于政策对密码软件形态的引导鼓励。

二是信创带来历史机遇。国产密码本身就是信创产业的核心部分，密码又能为蓬勃发展的信创产业保驾护航。所以，适配优化信创平台，以及在信创安全体系中全面应用密码等新需求会对密码产品形态产生深刻的影响。

三是兼容新的国际技术标准。当前，国密算法已逐步进入国际标准，展望未来，从上游的网络协议及规范，到中游的网络协议栈实现、软件开发工具链、硬件密码模块，再到下游的基础软件和应用软件，国密将逐步融入这些标准。随着中国科技企业进入海外市场，中国密码技术也将“走出去”。

（三）攻防演练对抗促实战发展

一是密码安全一体化。数据加密只是把明文安全问题转移为密钥安全问题，但是如果没有结合业务的密钥访问控制，防护价值将非常有限。过去，由于市场准入等因素，密码和安全技术在建设落地时相对分离，但是随着密码“放管服”的落实以及监管侧的改革，“以密码技术为核心，多种安全技术相互融合”将成为主流思路，并统筹实施等保与密评。通过加密技术，为流转的数据重新定义了虚拟防护边界，在边界上施加访问控制、审计等技术，实现“防绕过的访问控制”以及“高置信度审计”，进一步集成企业身份认证管理，打造同时满足传统场景和零信任场景的有效数据保护。

二是加强密码产品自身的安全保护。这是威胁对抗常态化带来的必然要求，密码厂商会更加重视密码产品研发和生产等全生命周期中的安全。同时，监管机构也提高了密码产品的安全性检测认证要求，用“安全的密码产品”有效保护企业数字化安全。

三是多重需求拉动密码服务蓬勃发展。过去，合规主导的密码市场侧重于产品本身，而当下企业更注重有效防护。要将安全产品转化为有效的防护能力，需要提供服务，尤其是结合安全运维。所以，密码交付形态正在从“以产品为主”演进为“产品与服务相结合”。

（四）数据要素市场促密码创新

数据作为新的生产要素，在全面释放数字红利、占领数字经济全球竞争制高点等方面具有战略意义。与此同时，数据生产要素具备自身的特性，例如难以从技术上分割使用权和所有权，而通过创新的密码技术和方案可实现多个企业或机构间的数据共享互联，因此具有广阔的发展空间。

一是使用隐私增强计算技术，例如联邦学习、安全多方计算、机密计算、差分隐私、同态加密等，实现“数据可用不可见”。

二是使用基于密码的新兴信息技术，例如区块链，通过数据透明、不易篡改、可追溯等特性，来解决数据生产要素化中的信任和安全问题。

三是结合传统密码技术和多种安全保密技术，使数据在共享时实现“最少可用原则”和“最小权限原则”，让数据在业务系统中实现共享与安全兼得。

密码技术的开放发展与安全

（荆继武　中国科学院大学密码学院院长）

一、引言

密码技术作为数字网络世界最基础、最核心的控制和保护技术，其发展和安全已成为世界共同关心的重要问题，也成为网络安全发展的一个标杆。

本文将从安全的角度，阐述密码所经历的开放的道路，并认为只有继续走开放的道路，密码才能成为支撑我国网络空间安全的中坚力量。

二、密码走过的开放道路

理论上，对于一个密码系统来说，其保密的密码算法的应该比开放的密码算法更安全。然而，世界各国/地区都走向了密码算法开放的道路。

DES密码算法作为密码开放的先驱，在计算机尚未普及的20世纪70年代就全面公开了。DES密码算法的公开，奠定了密码科学发展的雄厚的群众基础，推动密码从最古老的秘密保护走向了密码科学的殿堂，使得密码成为有假设、有度量指标体系、有数学严格证明和分析方法的一门学科。

三、保密的数学原理

一个需要保密才能安全的秘密，如果只有一人知晓，只要他不说，别人就不会知道。如果写在纸上，只要纸不丢，也不会有人知道。如果集成在设备里，只要设备不被盗，别人也不会知道。然而，我们如何管住一个人、一张纸、一个设备呢？

从数学上来讲，假设一个秘密在一个人手里（或者在设备或纸张上），失密的可能性总是存在的——无意泄露、被贿赂、被欺骗、被强迫等都有可能发生。假设秘密在一个人手里泄露的概率p为 0.01%，即秘密不被泄露的概率为 99.99%。那么将同样的秘密告诉 1 万个人，则确保秘密不被泄露的概率就是$(1-p)^{10000}$。这个数字是 0.36786。也就是有 63%的概率会泄密。即使将单人保密的概率提升到 99.9999%，当人数达到 1000 万时，不泄露的可能性是 0.0045%。可以看到，要保证秘密不泄露，不但要降低一个人泄密的概率，而且要严控知悉该秘密的范围。

当密码设备需要让上万人使用的时候，再依赖技术的保密就不现实了。因为现有的黑客手段、分析技术等，都在快速发展，只要设备丢失，泄密基本上就是时间问题了。

四、新的安全假设下需要开放的密码

密码研究人员一直在凭借开放安全的理念，将密码算法完全公开，确保即使敌人获取算法，也不能破坏我们的密码安全。而且，密码研究人员继续在开放的技术研究中探索，确保在算法和系统都公开的情况下仍能保护信息安全。

当今世界，万物互联。逃避互联网的监管和偷窥更是难上加难。欺骗、假冒都是影响信息安全的重要因素。以下的假设已经成为密码研究人员的共识。

（一）保障密码系统的体系结构不被人知晓（保密）

硬件和软件的攻击技术不断打破密码系统的边界，使得原本安全的环境和假设不再存在。这种假设与“零信任”的思想是一致的。

对于硬件密码系统来说，过去设立的保密边界很难被打破。但随着硬件分析技术的进步，这种假设在发生变化。过去内容无法读取的密码芯片，现在利用市场上的技术可以很容易读取其中的信息，包括电可擦除的信息；高精度的定向探针，也能深入到芯片或硬件内部获取运行时数据；微型机器人可以通过弯曲的风道进入系统进行探测；黑客还可以通过侧信道攻击，恢复出设备中的敏感关键信息；通过注入硬件错误或数据错误使设备暂时紊乱从而泄露敏感数据。

对于软件密码模块，其安全边界也非常脆弱。黑客可通过系统漏洞入侵密码系统；通过身份假冒，绕过系统的访问控制进入系统内核；可以越过进程间隔离，跨进程读取密钥信息。系统的直接内存读取机制、内存数据扩散（如系统休眠时数据从内存移动到硬盘、存在未清零的动态内存），以及软件编程中的漏洞等，都给黑客带来了获取内部信息的机会。

（二）当密码设备走向大众且可随身携带时，依靠密码系统的技术保密来支撑安全是很危险的

黑客可以通过购买密码设备进行结构剖析，也可以对用户不经意放置的设备进行快速分析，而丢失的设备更给了黑客更多的时间进行分析。先进的黑客技术能够使市场上密码产品的系统体系结构很快大白于天下。

当用户数量很大时，系统技术的保密不能成为我们安全的依靠。我们需要这样一种密码系统：即使黑客获取了相应的技术，也不能破坏我们的信息安全。

密码算法的研究给密码系统安全研究展示了开放的发展途径。密码学科的发展历史告诉我们，密码算法的公开和标准化所带来的算法安全增益，大大超过了算法公开所带来的安全损失。开放的密码算法不仅仅使得密码更加普及，也使得密码技术更加安全。在算法的公开和标准化的假设下，黑客即使掌握了公开的密码算法，也完全没有作用。

五、密码开放安全的研究方向

为了推动开放条件下的安全，确保即使被入侵被公开，密码系统仍旧具备足够的安全能力，研究人员提出了很多研究方向，其中之一就是白盒密码。

白盒密码是一个古老的密码研究方向。白盒密码（或者理解为密码系统的白盒化）意味着开放密码系统的体系结构和部分细节，其目标就是在敌人攻入系统、了解全部系统内容的情况下，仍能确保系统的安全。如果密码设备不存储密钥，只要用户保护好密钥，则密码设备的丢失并不影响密码安全。如果密钥保存在密码设备中，则白盒密码机制需要使用更多的技术，以防止黑客通过设备分析拿到密钥。因此，密钥隐藏和密钥的攻击容忍就成为这种密码白盒安全的一个重要研究内容。

完全理想的白盒密码安全需要从基础理论到工程实现全方位的突破。主要的白盒密码技术包括以下几种。

（一）混淆技术

通过密钥与算法的混淆，使得交给用户的密码功能是有限的，用户无法获取其他密码功能。一切都是算法，没有密钥或者密钥可以公开，是混淆理论发展的可能方向。把一个混淆的密码功能移交给用户时，所有的原理、系统结构和密钥都可以对用户公开。现代的非对称密码给出了这样的示例。例如，用户只能加密，不能解

密；用户只能验证签名，不能仿造签名。混淆密码机制需要在非对称的密码理论上有更大的突破，区分出不同的独立的密码功能，确保一个密码功能不影响其他密码功能的安全，从而产生安全的完全白盒化的密码应用。

（二）密钥隐藏技术

密钥隐藏技术是白盒密码的另一个重要研究思路，其方法是将需要保护的密钥隐藏到系统中或隐藏到复杂的代码中。直接的密钥隐藏技术一般采用密钥拆分技术，通过改变算法流程，将用户的密钥拆分成多个无关的子密钥，并隐藏到系统的不同地方。在需要执行加密时，则通过调用看似无关的密码函数计算出需要的密码计算结果。将密钥分散隐藏到代码中是另一种密钥隐藏思路，需要有好的算法实现密钥与代码的混淆。通过代码混淆，黑客通过代码分析无法获得算法和密钥。

尽管密钥隐藏技术依赖工程实现，难以做到完全白盒化，但相关的密钥隐藏技术已经成为现代密码系统安全的一种必备手段。特别是软件密码模块，不得不使用多种密钥隐藏技术来保护密钥安全。

（三）密钥攻击容忍技术

当密钥隐藏技术被黑客破解后，我们是否有能力保证即使黑客获得了部分密钥，密码系统仍旧是安全的呢？密钥攻击容忍就是在这样一种白盒假设下的技术思考。密钥攻击容忍是在密钥保护、密钥检测和密钥自毁的基础上对密钥安全的进一步延申。

子密钥不影响密钥安全的密钥拆分技术是密钥攻击容忍技术的一种技术思路。通过将密钥拆分成多个无关的子密钥，并保证即使黑客获得部分子密钥也不影响原密钥的安全，就可以构成一种密钥攻击容忍的解决方案。

除了白盒密码外，开放的密码应用技术也是未来的重要方向。通过开放体系结构让建设参与者和使用者明确自己的责任与义务，更好地参与到密码应用系统的安全中来，已成为大型密码应用的一个首选要求。比特币所依赖的区块链技术，就是一种开放的安全技术的典范。比特币的区块链系统不仅将原理全部公开，而且其运行的源代码也是完全公开的。这种在完全“开放”的环境下保证系统的安全，不仅赢得了用户的喜欢，也成为未来密码应用的一个主要方向。

多方安全计算也是密码开放安全的一个重要方向。多方安全计算的本质就是在不信任的个体间进行协同，从而产生各自满意的结果。在可信体系的支持下，协同计算是简单的。以可信计算为基础的可信体系能够确保信息的真实、完整、抗抵赖和合法使用，而且协同计算相对容易。当信任体系被打破或难以建立时，也就是现在的零信任假设下，我们的信任又无法建立，此时如何协同计算就成为多方安全密码计算的主要研究方向。

同态密码就是两方协同密码计算的代表性工作。甲方通过加密将数据交给乙方，乙方在完全不知道甲方信息内容的前提下，帮助甲方处理数据，返回处于密文状态的处理结果。甲方对处理结果进行解密得到明文。利用同态密码的双方协作不需要建立强的信任关系，它将原来加密隐藏的功能与委托计算的功能融合起来，使得对方能够进行计算而无法了解信息内容。

多方协同密码技术是密码技术从通信保密到计算安全的一种思想变革，需要基础理论研究的大力支持。开放的多方安全计算必然会用到非对称的密码机制，以确保对某一方面的密码功能优势。这也是密码开放安全研究的思路。

六、密码技术的发展展望

从理论上说，签名和验签功能的分离就是一种功能拆分的非对称密码开放安全的范例。验证签名的代码和密钥可以完全开放，我们只需要保护好自己的签名私钥就行。代理重加密技术可以让一方对信息进行重新加密而不需要了解信息内容，这也是一种非对称的开放安全技术。诸多非对称密码学的进展使我们有望在不远的将来拥有更多的密码开放、安全协同计算的手段。

开放安全的密码和密码应用系统，是密码系统发展的一个重要方向。密码系统应该确保即使黑客获得系统结构和部分安全信息，密码系统依旧安全可控。

信息系统商用密码应用要坚持“产品与服务并重”

（王爱兵　奇安信集团数据安全子公司副总经理）

近年来，全球网络环境日趋动荡，安全形势瞬息万变，数据泄露、勒索软件、安全漏洞不断升级发展，各种安全威胁的范围不断扩大，形式不断演化，安全问题已经成为影响国家间战略合作关系走向的焦点之一。

密码技术作为国际公认的网络空间战略资源，是保障网络安全的核心技术和基础支撑，更是保护国家安全、维护社会稳定和推动经济发展的制胜“利器”。

随着我国科技的迅速发展，商用密码的应用规模逐渐扩大，发展和管理商用密码、提高商用密码的安全性，成为保护社会经济安全和国民生活安全的重要之维。而信息系统在应用商用密码时，不仅仅要采购使用合规的密码产品，前期的设计规划、中期的系统改造、后期的运营等技术服务也很重要。

本文结合具体案例，对信息系统商用密码应用中的各个环节进行分析总结，提出应坚持“产品与服务并重”的理念，从物理和环境安全、网络和通信安全、设备与计算安全、应用和数据安全、安全管理等几方面分析常用的密码产品和所需要的技术服务，并提出商用密码专业团队组织的建设建议。

一、背景及现状

密码在人类历史的发展进程中发挥了极其重要的作用，可用来保证信息的安全性和可靠性。密码分为核心密码、普通密码和商用密码。商用密码作为我国密码工作的重要组成部分，是构建国家安全法律制度体系、维护国家网络安全、推动密码事业高质量发展的重要举措。

我国对商用密码技术的研究起步较晚，但在国际上已具有一定的竞争力。目前，我国自主设计的祖冲之序列密码算法、椭圆曲线密码算法、杂凑密码算法、分组密码算法和标识密码算法等构成了我国基本完整的商用密码算法体系。

（一）商用密码相关法律法规

国家高度重视商用密码的开发工作。1999年，国务院颁布施行《商用密码管理条例》，明确对商用密码的科研、生产、销售和使用等实施管理。近年来，随着我国科技的迅速发展，商用密码的市场规模逐年攀升，我国对密码技术的要求以及相关法律规范的要求也越来越高。因此，1999年颁布的《商用密码管理条例》已经不能满足社会发展的需要。2019年10月26日，《中华人民共和国密码法》颁布，对商业密码主要进行了原则性和基础性的规定，与《中华人民共和国网络安全法》相协调，适应了现代科学技术发展的潮流。2022年1月4日，我国正式发布《网络安全审查办法》，为我国的商用密码安全加强了保障。

（二）商密应用现状

不同行业拥有不同规模的信息系统，而且信息系统上又搭载了不同的业务应用。因此，商用密码的应用不应是某个行业中某个独立信息系统的应用，而应是信息网络的密码应用，应以物理环境安全为基础，以业务数据安全为导向，以安全管理为保障，实现密码应用的合规性，构建起纵深防御体系。

然而，当前我国的密码安全形势严峻，商用密码应用现状不容乐观，主要存在密码应用不广泛、密码应用不合规和密码应用不安全等问题。

（三）商用密码评估工作现状

针对商用密码应用安全性评估（以下简称“密评”），行业最开始执行的是2018年国家密码管理局发布实施的密码行业标准《信息系统密码应用基本要求》（GM/T 0054-2018）。由于该标准的要求相对较高，在密评试点过程中通过率极低，从而导致落地执行难度比较大。因此该标准在后续升级为国家标准《信息安全技术 信息系统密码应用基本要求》（GB/T 39786-2021）。升级后的国家标准进一步突出了其在商用密码应用标准体系中的基础性地位，使得密评工作在2021年得到了极大的推进。但是，由于大家对于新标准的理解不一，以及执行过程中的人员能力不同，使得密评报告的质量参差不齐，从而加大了密评工作标准化推进的难度。

2021年12月17日，中国密码学会修订形成了《信息系统密码应用高风险判定指引》《商用密码应用安全性评估量化评估规则》《商用密码应用安全性评估报告模板（2021版）》，同时发布了《商用密码应用安全性评估FAQ》等密码应用与安全性评估指导性文件。其中，《商用密码应用安全性评估FAQ》对商用密码应用安全性评估工作及相关标准中涉及的常见问题进行了整理和解答，以帮助相关人员更好地开展商用密码应用安全性评估工作。

二、商密应用整体建设过程中的技术服务

这里梳理了信息系统密码应用建设的基本流程（见图1），将整体建设过程中的密码技术服务进行了详细分析，包括前期调研、密码应用方案设计、实施部署服务、管理制度维护等4个方面。

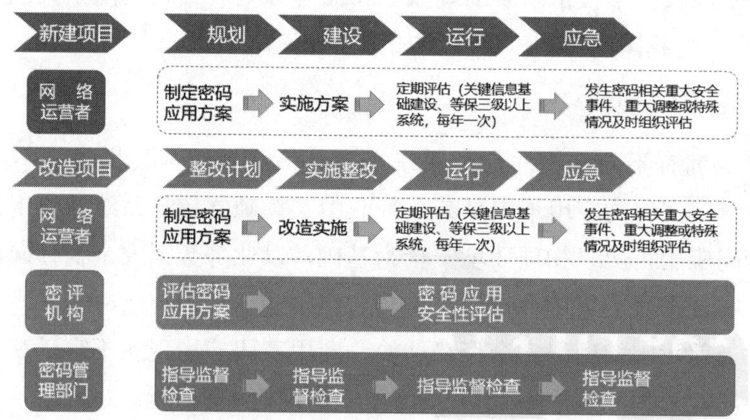

图1 信息系统商用密码应用建设流程

（一）前期调研

要针对已有的信息系统进行全面调研，调研内容包括但不限于系统的网络拓扑架构、系统已存在的密码产品、系统现存的安全风险，对系统进行定级，并测评待建设或改造的信息系统。

（二）密码应用方案设计

这里以某政务信息系统为例，依据《信息安全技术 信息系统密码应用基本要求》中第三级信息系统商用密码应用要求，从物理和环境安全、网络和通信安全、设备和计算安全、应用和数据安全等层面进行密码应用设计与建设，并就如何对信息系统提供密码产品及密码服务提出建议。

（三）实施部署服务

在方案设计完成后，需要派遣专人去实地实施部署服务，包括物理硬件设施的

部署、软件系统设施的部署，以及软件业务系统的集成，配合系统开发人员完成密码应用设计的落地。

1. 物理硬件设施的部署

实施团队进行实地部署，需要确定物理硬件设施的放置位置，确定机房提供的电源种类，确定交换机的接口类型，确定物理硬件设施放置区域的进入权限，确定部署物理硬件设施时需要的设备，并在确定硬件连接后，协调机房进行其他配置。

另外，需要确认是否存在对硬件机器的外观设计有特殊要求的特殊环境。

2. 软件系统设施的部署

实施团队对拟改造信息系统的软件系统进行详细了解，确定软件系统的部署环境（网络环境、操作系统、权限、系统时间），确定软件系统部署的配置（配置文件流程化），以及测试调通与物理硬件设施的通信等。

3. 软件业务系统的集成

实施团队配合拟改造信息系统的开发人员，将密码产品的软件业务集成到原有信息系统中。为此，需要确定业务系统环境，确定要交付的文件，将文件交付给业务系统开发人员，并配合测试并验证密码应用的合规性、正确性和有效性。

（四）管理制度维护

在密码应用部署完毕后，实施团队配合信息系统的管理人员，为信息系统配备符合标准的管理制度、密钥管理规则、日常管理操作规程等，并安排专人负责定期的修订和版本控制。

三、信息系统技术改造要“产品与服务并重”

这里以某政务信息系统的密码应用建设改造为例，从 4 个方面对信息系统改造过程中提供的具体产品和技术服务设计进行详细介绍。

（一）物理和环境安全

物理和环境安全方面的需求是，通过对物理和环境层面的密码应用的建设或改造，实现机房的身份鉴别、电子门禁记录数据存储的完整性、视频记录数据存储的完整性，以满足测评要求。若本地机房没有使用密码技术进行数据完整性保护，则存在非授权人员进入物理环境，对软硬件设备和数据进行直接破坏的风险；若没有进行数据完整性保护，则存在数据被篡改的风险。

针对以上可能出现的风险，需要提供的密码产品为服务器密码机。为此，需要部署基于密码技术的电子门禁系统和视频监控系统，对设备机房出入人员进行记录和身份鉴别；使用服务器密码机对电子门禁记录数据和视频监控系统记录数据进行完整性保护，防止数据被篡改。

（二）网络和通信安全

网络和通信安全方面的需求是，通过对网络和通信层面的密码应用的改造，实现身份鉴别、网络边界访问控制信息的完整性、通信数据的机密性和完整性，以满足测评要求。各信息系统的网络拓扑不尽相同，若没有采用密码技术对登录用户进行身份鉴别，则存在应用被非授权人员登录的风险；若没有采用密码技术建立安全的数据传输通道，实现数据传输通道的机密性和完整性保护，则存在通信数据在信息系统外部被非授权截取和篡改的风险。

针对以上可能出现的风险，需要提供的密码产品包括IPSec VPN、SSL VPN、智能密码钥匙，需要提供的密码服务为数字证书服务。在本地机房部署IPSec VPN安全网关，实现与外联系统之间通信双方的身份鉴别，以及通信数据的机密性和完整性的保护。将应用系统接入边界部署的SSL VPN安全网关，配合远程终端对访问应用业务系统的用户进行身份鉴别和权限控制，对传输的数据进行机密性和完整性保护。向业务应用人员配发智能密码钥匙，对PC端登录应用的用户进行安全身份鉴别，防止非授权人员登录。同时，配备数字证书服务，通过数字证书实现加密传输，确保用户的安全接入。

（三）设备和计算安全

设备和计算安全方面的需求是，通过对设备和计算层面的密码应用的改造，实现身份鉴别、系统资源访问控制信息的完整性、建立安全信息传输通道、日志完整性、重要可执行程序的完整性和真实性，以满足测评要求。

这里存在的主要风险是，系统运维人员未通过安全访问服务设备或安全组件与系统建立连接，未使用密码技术对管理员登录进行身份鉴别，未使用合规的密码技术对管理员登录身份鉴别信息进行传输机密性保护，存在设备被非授权人员登录、身份鉴别数据被非授权获取或使用等风险。

此外，系统应用服务器中所有重要程序或文件在生成时未使用密码技术进行完整性保护，在使用或读取这些程序和文件时，未对其进行完整性校验，因此存在重要程序或文件被非授权篡改以及来源不可信风险等。

针对以上可能出现的风险，需要提供的密码产品包括SSL VPN、服务器密码机、签名验签服务器、智能密码钥匙，需要提供的密码服务包括证书认证服务、密钥管理服务。为本系统运维人员配发USB密钥，在密码基础设施区域部署签名验签服务器，在用户登录应用时验证其数字签名，实现对登录用户的安全身份鉴别，防止非授权人员登录；通过SSL VPN网关搭建安全的远程管理通道；在密码基础设施区域部署服务器密码机，对系统资源访问控制信息、应用服务器、数据库服务器等设备日志记录进行完整性保护；在密码基础设施区域部署签名验签服务器，使得应用服务器中所有重要程序或文件在生成时通过调用签名验签服务器进行完整性保护，并在使用或读取这些程序和文件时，通过签名验签服务器进行验签以确认其完整性；使用密钥管理服务对以上过程中用到的密钥进行管理。

（四）应用和数据安全

应用和数据安全方面的需求是，通过对应用和数据层面的密码应用的改造，实现身份鉴别、访问控制信息和重要信息资源安全标记完整性，以及实现数据传输和存储的机密性、完整性，以满足测评要求。

这里存在的主要风险主要有，系统中未使用合规的密码技术进行传输和存储的机密性、完整性保护，存在身份鉴别数据、关键敏感数据被窃取和非授权篡改的风险；重要数据未使用合规的密码技术进行操作不可否认性的保护，导致数据发送方或接收方不承认发送或接收的数据，或者否认所做的操作。

针对以上可能出现的风险，需要提供的密码产品包括服务器密码机、数据加密服务套件、签名验签服务器、时间戳服务器、USB密钥、SSL VPN、手机盾，需要提供的密码服务包括签名认证服务、密钥管理服务。在PC端，系统用户使用USB密钥登录，在移动端使用手机盾登录，在密码基础设施区域部署签名验签服务器，在用户登录应用时验证其数字签名，实现对登录用户的安全身份鉴别，防止非授权人员登录；在基础设施区域分别部署服务器密码机和数据加密系统，对重要数据的存储进行机密性保护，防止其被非授权窃取；在基础设施区域部署电子签章系统、时间戳服务器，对系统中的重要数据进行数字签名，并加盖时间戳，实现操作行为的不可否认性。

四、结语

在大力发展信息化建设的趋势下，广泛应用密码技术来保护个人信息，构建密码安全防护体系已成为信息安全领域的重要工作内容。在现代化国家基础设施建设、数字化政府和社会转型建设、高水平的平安中国建设中，商用密码应用工作任重道远，密码技术、密码产品和密码服务应为保障国家安全共筑新的长城。

密码技术是核心技术，而我国在部分领域的核心技术仍受制于人。要打破这种局面，必须加强密码基础研究和原始创新，夯实密码基础支撑力，加强核心技术攻关。商密应用建设不仅仅需要基础的技术和产品，更需要配套服务的支撑。当前，密码产品发展迅猛，但相应的密码服务却略显滞后，因此，应从底层人才培养做起，建立政治素养过硬、专业基础扎实、实践能力强的密码人才队伍。

针对信息系统商用密码应用中的“产品与服务并重”的特点，专业团队也应该进行相应调整，一般可以从组织架构上分成下面 3 个团队：方案团队，负责需求调研与方案设计；实施团队，负责售后实施与技术支持；研发团队，负责产品及系统研发。这 3 个团队互相支撑，缺一不可。

一种构建云密码服务平台的设计方法

（刘辛越　肖青海　北京创原天地科技有限公司）

随着云计算技术的不断发展和云基础设施建设的日趋完善，业务系统上云成为必然趋势。云平台涉及政务服务、企业运营等重要数据和个人敏感信息，这让云平台成为黑客攻击的重要目标。

云密码服务平台通过汇聚各种云密码服务能力，构建一个统一纳管、弹性扩展、按需分配、能力完善的云密码资源池，可帮助用户实现云密码服务运营和云密码统一管理，从而快速应对云上密码安全问题，为用户提供一站式、立体化的云密码服务综合解决方案，针对性地解决用户业务上云后面临的信息安全问题。

一、云密码服务背景

（一）业务上云存在的安全风险

云计算环境突破了网络边界，原有的封闭网络增加了新的入口，增加了网络攻击的风险。遍布各地的终端成为网络攻击的新突破口，并通过网络链路进入到云平台网络中，导致云平台网络中的数据面临被窃取和被篡改的风险。

云上业务系统主要存在以下安全风险。

- **身份认证风险**：大多数云上业务系统没有采用高安全性的密码技术对用户、设备和应用进行身份认证。
- **数据安全风险**：云上重要应用系统存在明文存储敏感业务数据的情况。云上业务系统存在安全标准不统一、加密格式多样化等诸多问题。
- **运维管理风险**：运维管理方面没有建立管理人员强身份认证机制、关键运维操作审计机制。部分采用密码技术的应用系统没有使用国产密码算法，无法做到自主可控。
- **终端管理风险**：终端用户使用的设备种类繁多，安全机制不一致，存在敏感信息泄露等风险。终端接入没有采用安全通道，难以保证数据传输的机密性、真实性、完整性。

（二）云平台密码应用现状和需求

随着一系列国家密码应用相关政策的不断发布实施，业务系统对密码应用需求不断增加，业务系统需通过增加密码产品应用来保证业务身份安全、数据安全。根据云计算服务的特点，每个云平台上将承载上百个业务系统，这些业务系统都需要使用密码产品和服务来保证业务系统的安全。如果按照传统的建设方式，每个业务系统建立独自的密码应用，势必会造成云机房无法承载，也会造成资源浪费和管理复杂等多重问题。

云平台密码应用现状和需求如下。

- **接口不一，应用接入复杂**：密码设备厂商种类繁多，接口及指令标准不统一，难以整合，增加应用接入的复杂度。
- **设备分散，运维管理烦琐复杂**：各密码设备分布在各处，缺乏有效统一的管理，导致运维管理烦琐，运维成本也水涨船高。
- **上线周期长，建设成本高**：密码设备类型多、数量多，导致用户选型评估、招标采购、联调实施等流程复杂缓慢。此外，各种不同类别的安全设备各自为政，而且多数以单机形式运行，因此单台设备存在单点故障的情况，为此需要多台设备同时部署，导致建设成本进一步扩大。
- **扩容复杂**：在业务进行扩展时，通常需要添加或者升级新密码设备，因此安全扩容是影响业务扩展的重要因素，尤其在面临频繁变化的应用时，传统依靠增加密码设备的扩展方案难度较大，无法做到按需弹性扩展。

针对上述问题和需求，基于密码资源池构建云密码服务平台，采用密码资源统一管理、统一分配、统一运营的应用模式，能够有效支撑云平台及云上业务系统的密码应用需要。

二、云密码服务平台技术架构

云密码服务平台整体技术架构从下往上分为硬件资源层、云密码服务资源层、云密码服务层和云密码应用层等4层（见图1）。

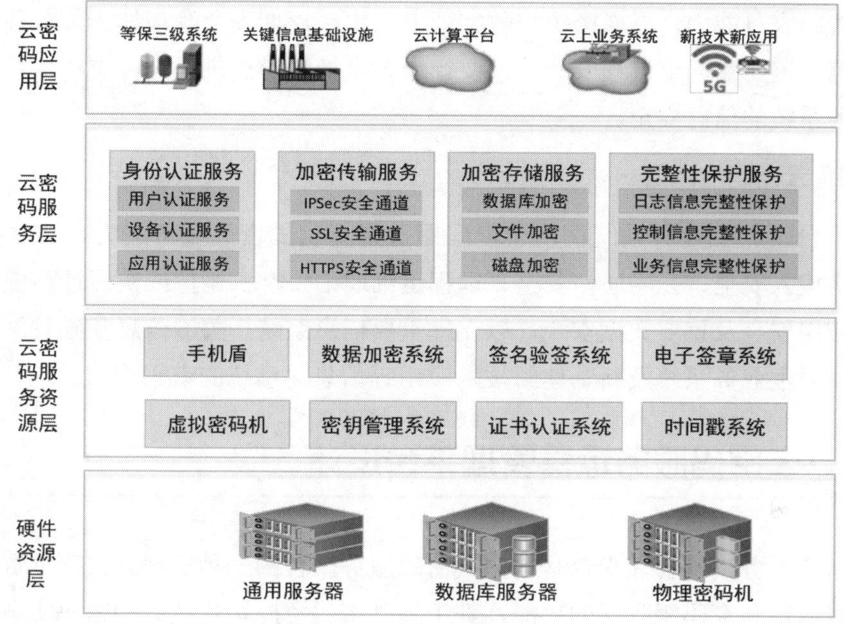

图 1

（一）硬件资源层

基于业内主流的通用服务器组建分布式集群和物理密码机群，为上层的安全服务能力提供运行环境和所需的CPU、内存、存储等硬件计算资源。

（二）云密码资源层

基于云计算虚拟化和超融合技术，实现服务器虚拟化、存储虚拟化、网络虚拟化和密码机虚拟化，通过把硬件设备提供的CPU、内存、硬盘存储和基础密码运算等各类型资源进行虚拟化、抽象化和资源池化，为上层密码服务能力提供所需的虚拟化运行环境。

升级改造数字证书认证系统、密钥管理系统、数据加密服务系统、签名验签系统、手机盾密码服务平台、时间戳服务系统、电子签章系统等传统密码产品的服务能力，让其适应云计算虚拟化运行环境，构建一个统一纳管、统一调度、弹性扩展、按需分配、密码服务能力完备的云密码资源池。

（三）云密码服务资源层

对云密码资源池进行服务化改造，实现云密码服务能力资源化、云密码资源服务化、云密码服务目录化，提供身份认证、加密传输、加密存储、完整性保护等全系列云密码服务能力，形成密钥与数字证书全生命周期安全管理体系，对各种实体身份可信、重要数据全过程安全、重要行为不可抵赖等提供全方位支撑，全面满足云上业务系统的信息安全。

（四）云密码应用层

云平台及云上业务系统调用云密码服务层提供的密码服务能力，实现终端安全、网络接入安全、云间通信安全、远程运维通信安全、镜像或快照迁移安全、云上业务应用安全及重要数据安全，以支撑重要信息系统、关键信息基础设施、云计算平台、云上业务系统及新基建新技术应用等信息化系统的密码应用。

三、云密码服务运营管理平台设计

云密码服务运营管理平台是构建云密码服务平台的一种实现方式，负责整合实现密码资源层和密码服务层的功能，基于基础密码资源构建统一的密码服务平台，是密码服务平台的核心组成部分。

云密码服务运营管理平台负责将云计算技术和密码技术结合在一起，实现对密码资源与密码服务的统一分配、管理和调度，以及对密码应用服务的封装，为云平台及云上业务应用以密码服务总线形式提供统一密码服务API、统一密码服务SDK，满足云平台多租户、多系统、多层级的密码安全需求。

（一）功能框架

云密码服务运营管理平台在基础密码资源的支撑下对密码资源进行统一编排、纳管和调度，通过统一的密码服务总线，对云平台上所有业务应用系统提供统一的密码服务，提供多租户的密码服务能力，对各类密码服务接口、服务订购、应用调用、应用认证、平台运行等进行管理，实现多租户运营管理。

密码资源为云密码服务运营管理平台提供统一密码服务，提供基础软硬件密码设备和产品支撑，包括硬件密码资源和软件密码资源。硬件密码资源主要指云服务器密码机，软件密码资源包括数字证书认证系统（CA）、密钥管理系统、手机盾密码服务平台、数据加密系统、签名验签系统、电子签章系统、时间戳系统等软件密码产品，并可根据业务系统的升级需求，动态增加密码设备和产品。

云密码服务运营管理平台包括密码资源管理、密码平台管理、租户密码管理和密码服务总线4个组成部分。

- **密码资源管理**：负责密码资源池配置管理、云密码设备管理、密码软件镜像管理、密码资源启停服务等。
- **密码平台管理**：负责租户密码订购、密码服务总线管理、应用授权管理及对密码资源、密码服务、密码应用的状态进行监测和统一管控。
- **租户密码管理**：租户可对自己的密码资源进行查看与管理，可实现应用管理与状态监控。
- **密码服务总线**：以统一API/SDK的形式向云平台及云上业务系统提供密码服务能力。

（二）密码资源管理

密码资源管理负责密码资源池配置管理、云密码设备管理、密码软件镜像管理、密码资源启停服务等。

- **密码资源池配置管理**：实现对密码资源池的统一管理、分配和调度，实现对密码资源池和密码产品的配置管理，确保密码资源池和密码产品提供安全合规的密码服务。
- **云密码设备管理**：具有云服务器密码机资源管理功能，实现对多台云服务器密码机的配置管理和密码资源的编排。
- **密码软件镜像管理**：支持对密码软件镜像进行管理，可实现密码产品虚拟镜像的制作和管理。
- **密码资源启停服务**：通过与云管理平台对接，实现密码资源的启用和停止。

（三）密码平台管理

密码平台管理提供对密码服务平台的统一管理，包括租户管理、订购管理、用户管理、监控管理、日志管理、统计管理、告警管理、展示展现等。

- **租户管理**：对租户账户进行管理（新增、停用、启用、注销、重置等）。
- **订购管理**：对用户（租户）在平台上的订单信息进行管理。可配置租户门户所要展示的产品介绍和云密码服务资源等信息。租户在平台下单后，可对订单进行查看、审核、统计，包括统计订单数量、各密码资源的订购数量。
- **用户管理**：提供密码服务平台管理员相关功能。包括管理员、操作员等人员的增加、停用、权限分配、注销等。
- **监控管理**：对密码服务资源进行监控，如对硬件信息（CPU、内存、硬盘空间等）进行监控。

- **日志管理**：可以查看用户登录日志、操作日志以及密码资源各服务产生的日志。
- **统计管理**：统计平台用户数、订单情况、密码资源分配情况。
- **告警管理**：设置告警联系人、联系方式、告警方式（短信、邮箱）、告警消息模板、告警次数。可查看告警历史，设置阈值，监控密码资源池相关资源的数量，如到达阈值，则进行告警提醒。
- **展示展现**：管理员可监控所有云密码机资源的总体使用情况，可以图形化方式直观展示云密码机等密码资源的实例状态。

（四）密码服务总线

密码服务总线采用面向服务的架构模式，为租户应用接入密码资源提供服务。密码服务总线负责对密码服务资源提供的密码服务/组件，形成统一接口标准、技术规范的密码服务接口，为业务应用提供一站式密码服务的调用服务。

密码服务总线提供应用鉴权、接口调度、日志管理功能。

- **应用鉴权**：租户在管理门户中设置接入应用及相应的API Key或API Secret，在应用调用总线接口时，总线对调用方进行鉴权，判断应用是否有调用权限，以及接口数据是否合格等。如鉴权通过，则总线将接口数据转发到相应的密码服务资源。
- **接口调度**：依据规则将用户调用的信息分发到对应的密码服务资源，以完成调用。
- **日志管理**：应用接入总线时，可调用记录详细的日志信息，以供调用方调试使用，也可以发送到平台，进行数据分析统计。

（五）租户密码管理

租户密码管理负责向各个租户提供自服务门户，在租户管理员登录后，可对所属资源进行管理。租户密码管理主要包括用户管理、资源管理、应用管理、订单管理、监控管理、统计管理和日志管理等功能。

- **用户管理**：对本租户下的用户进行维护管理，并进行用户的增删改查和登录密码的修改。当租户在云平台订购密码服务后，当前用户作为各系统的超级管理员，对系统中的其他管理员（审计管理员、审计员、业务管理员、业务操作员）进行初始化，并同步到各密码服务系统，以简化用户操作。
- **资源管理**：租户管理员可查看租户已申请的密码资源信息（如IP地址、资源使用情况等）。

- **应用管理**：主要是配置需要接入的应用系统的认证标识，同时需要把应用同步到各个安全组件。需要添加的内容有应用标识（自动生成）、应用证书（用于总线应用认证）等。应用管理还负责对接入总线的应用进行管理，分配接入密钥，停用、启用、删除应用，以及重置接入密钥等。
- **订单管理**：查看租户订单详情，包括租户购买的密码产品列表。密码服务平台根据租户订单内容，显示相应密码服务平台中密码系统资源的操作菜单（即根据订单展现不同的操作菜单）。
- **监控管理**：对租户自己的密码服务资源进行监控，可查看自己资源的使用情况，可设置监控阈值，以在达到阈值时进行提醒。
- **统计管理**：各密码服务资源保留原有的统计功能（需通过密码服务平台登录各系统进行统计）。密码服务平台提供服务总线中各接口调用信息的统计信息。
- **日志管理**：查看用户（租户）门户中相关操作的日志。

四、云密码服务平台特点

云密码服务运营管理平台具备多方面的特点和优势：

- 多租户运营管理，提供多租户密码资源服务；
- 具备密码资源统一纳管调度，支持硬件密码设备和密码软件镜像的管理与调度；
- 具备统一密码服务总线，支持向业务应用提供统一的密码服务的能力；
- 具备分层全栈密码服务，支持不同类型的云平台多种交付方式；
- 统一安全基线，确保密码安全合规。

（一）多租户运营管理

云密码服务运营管理平台支持向多租户提供密码资源服务，且密码资源和密钥等敏感参数在各租户之间安全隔离，确保租户之间不会相互影响。

（二）密码资源统一纳管调度

以云的思想、虚拟化架构和技术来统筹密码资源的管理与调度，确保密码资源在安全合规的前提下，实现按需扩展、灵活配置。云密码服务平台按照密码资源标准化、密码服务标准化等思想，提供统一标准的密码服务接口，屏蔽密码资源的硬件差异，并通过柔性重组按需接入，把密码资源变成可管可控的云资源，以进行实时扩展和敏捷管理。

（三）统一密码服务总线

提炼统一的密码服务总线，提供统一的密码服务API和密码中间件SDK，把密码调用接口进行业务级封装，形成业务级密码服务。统一密码服务总线对业务系统提供安全认证、接口调度和状态监控等密码安全服务。业务系统通过“一键”调用，即可实现身份认证、加密保护、完整性保护等复杂的密码能力，有效、正确、合规地将密码应用到业务中。

（四）分层全栈密码服务

云密码服务平台分层提供密码资源即服务（CRaaS）、密码功能即服务（CRaaS）、密码业务即服务（CBaaS），在云服务的IaaS、PaaS、SaaS三个层面上提供层次完整、可解耦的云密码服务解决方案，并采用公有云、私有云、混合云等多种交付形式，为用户构建一站式泛密码服务平台。

（五）统一安全基线

云密码服务平台建立了密码体系与密码产品的统一安全基线标准，可结合网络攻防能力，对资源池中的密码产品进行漏洞挖掘和渗透测试，彻底清除内存溢出、SQL注入、跨站攻击等安全风险，排除密码产品在系统安全、服务安全、调用安全与管理安全等所有方面的安全问题。统一安全基线标准可提升密码产品整体的安全能力，构建起坚固的国产化密码体系，使其具备抵御高级别攻击的能力。

五、总结

针对云平台密码应用问题，我们提出了云密码服务平台分层技术架构，在云平台软硬件资源和密码资源池支撑基础上构建了云密码服务运营管理平台。该运营管理平台通过统一密码资源管理与调度、密码平台订购管理、租户密码资源管理及密码资源监控监管形成统一的密码服务，并采用密码服务总线向业务应用提供身份认证、传输加密、存储加密、完整性保护等完整的密码安全服务。

云密码服务运营管理平台具备多租户运营管理、密码资源统一纳管调度、统一密码服务总线、分层全栈密码服务、统一安全基线等特点优势，可以帮助政企用户集约化建设统一密码服务平台，为云平台和云上业务系统提供一站式的密码服务综合解决方案。

09 第9章 攻防演习

中国实战化白帽人才能力现状

（田朋 补天漏洞响应平台副总经理）
（龚玉山 奇安信观星实验室负责人）

实战化的白帽人才能力，是指在政企机构实际运行的业务系统、生产系统上进行的实战攻防演习过程中，作为攻击方的白帽子所要具备的各种攻防能力的集合。与传统的挖洞型白帽人才能力要求不同，实战化能力要求白帽子能够在真实的业务系统上，综合利用各种技术和非技术手段，进行动态攻防实战。

2020年11月到12月，我们邀请了补天漏洞响应平台上的645名白帽子进行了一次“中国白帽人才能力现状”调研，并以调研为基础写作了本篇文章。需要明确的是，受到当时条件限制，部分类型的数据调研并不完整，在文中标记为“暂无数据”，后续会在持续的调研过程中逐步补全所有数据。

一、基础技能

（一）Web漏洞利用

实战化白帽人才对不同类型的Web漏洞利用的掌握情况如表1所示。

表1

漏洞类型	掌握该技能的白帽子占比
命令执行	48.4%
代码执行	41.7%
解析漏洞	暂无数据
XSS	62.2%
弱口令	暂无数据
文件上传	暂无数据
SQL注入	73.0%
逻辑漏洞	暂无数据

续表

漏洞类型	掌握该技能的白帽子占比
信息泄露	60.3%
配置错误	暂无数据
反序列化	暂无数据
权限绕过	56.1%

（二）基础安全工具

实战化白帽人才对基础安全工具的掌握情况如表 2 所示。

表 2

基础安全工具	掌握该技能的白帽子占比
Burp Suite	95.2%
AppScan	58.8%
Nmap	88.5%
Wireshark	66.8%
sqlmap	91.3%
AWVS	73.3%
MSF	68.4%
Cobalt Strike	53.5%

二、进阶能力

（一）Web漏洞挖掘

实战化白帽人才针对不同类型的Web漏洞挖掘能力的掌握情况如表 3 所示。

表 3

漏洞类型	掌握该技能的白帽子占比
命令执行	33.9%
代码执行	29.2%
解析漏洞	暂无数据
XSS	43.5%
弱口令	暂无数据
文件上传	暂无数据

续表

漏洞类型	掌握该技能的白帽子占比
SQL注入	51.1%
逻辑漏洞	暂无数据
信息泄露	42.2%
配置错误	暂无数据
反序列化	暂无数据
权限绕过	39.3%

（二）Web开发与编程

实战化白帽人才针对不同开发语言环境下的Web开发与编程能力的掌握情况如表4所示。

表4

开发语言类型	掌握该技能的白帽子占比
Java	27.1%
PHP	44.2%
Python	66.5%
C/C++	21.7%
Golang	11.2%
熟悉语言但不会开发	32.3%
其他	7.0%

（三）编写PoC或EXP等

在进阶能力中，PoC或EXP等利用主要针对的是Web漏洞、智能硬件、IoT漏洞等系统环境等。但受调研条件限制，针对该主题的调研暂无数据。

（四）社工钓鱼

实战化白帽人才对不同的社工钓鱼方法的掌握情况如表5所示。

表5

社工钓鱼的分类	掌握该技能的白帽子占比
开源情报收集	39.2%
社工库收集	69.9%
鱼叉邮件	60.9%

续表

社工钓鱼的分类	掌握该技能的白帽子占比
其他	3.0%
都没用过	18.1%

三、高阶能力

（一）系统层的漏洞利用与防护

针对系统层漏洞的利用与防护，实战化白帽人才对不同系统层的基础安全工具的掌握情况如表 6 所示。

表 6

基础安全工具	掌握该技能的白帽子占比
SafeSEH	16.6%
DEP	15.4%
PIE	13.8%
NX	13.2%
ASLR	13.8%
SEHOP	8.5%
GS	11.2%
都没用过	64.0%
其他	5.3%

（二）系统层漏洞挖掘

针对系统层的漏洞挖掘，实战化白帽人才对不同漏洞挖掘技能的掌握情况如表 7 所示。

表 7

漏洞挖掘技能	掌握该技能的白帽子占比
代码跟踪	29.5%
动态调试	27.1%
Fuzzing技术	37.8%
补丁对比	14.7%

续表

漏洞挖掘技能	掌握该技能的白帽子占比
软件逆向静态分析	24.2%
系统安全机制分析	暂无数据
都不擅长	35.0%
其他	3.9%

（三）身份隐藏

实战化白帽人才对身份隐藏方法的掌握情况如表 8 所示。

表 8

身份隐藏方法	掌握该技能的白帽子占比
匿名链路	66.8%
盗取他人ID	26.2%
使用跳板机	51.4%
冒用他人身份	33.3%
都没用过	17.4%
其他	2.5%

（四）内网渗透

实战化白帽人才对内网渗透方法的掌握情况如表 9 所示。

表 9

内网渗透方法	掌握该技能的白帽子占比
工作组、域环境渗透	72.6%
内网权限维持/提权	74.0%
横向移动	55.0%
数据窃取	44.2%
免杀	52.9%
都没用过	10.7%
其他	2.3%

（五）掌握CPU指令集

实战化白帽人才对不同CPU指令集的掌握情况如表 10 所示。

表 10

CPU指令集	掌握该技能的白帽子占比
X86	39.4%
MIPS	5.4%
ARM	14.1%
Alpha	7.0%
其他	4.7%
都不会	50.9%

（六）高级安全工具

白帽人才对高级安全工具的掌握情况如表 11 所示。

表 11

高级安全工具	掌握该技能的白帽子占比
IDA	36.7%
Ghidra	9.8%
binwalk	31.0%
OllyDbg	27.9%
Peach Fuzzer	14.0%

（七）编写漏洞PoC或EXP

实战化白帽人才对在不同系统下编写漏洞PoC或EXP的掌握情况如表 12 所示。

表 12

操作系统	掌握该技能的白帽子占比
Android	14.7%
iOS	5.0%
Linux	12.9%
macOS	3.1%
网络安全设备	19.0%
都不会	11.3%

（八）团队协作与角色

在接受本次调研的 645 名白帽子中，约 74.0%的白帽子具有实战攻防演习活动的经验，有 19.4%的白帽子表示自己能够胜任团队协作中的任意角色。在团队协作中，有过各种角色实战经验的白帽子占比如表13所示。

表13

团队协作中的角色	有相关角色实战经验的白帽子占比
行动总指挥	24.3%
情报收集	43.0%
武器装备制造（漏洞挖掘、工具开发）	23.1%
打点实施（获取接入点、Web渗透等）	55.2%
社工钓鱼	25.0%
内网渗透	26.7%
其他	4.7%

四、总结

目前，国内白帽人群所掌握的实战化攻防能力仍主要集中在基础能力方面，而具备高阶能力的白帽人才则十分稀缺，特别是在不同平台下分析程序、在系统层漏洞的挖掘与利用，以及相应的PoC或EXP的编写等方面，相关人才更是凤毛麟角。

大型企业如何有效应对实战化攻防演习

（万京平　奇安信集团安全运营中心总经理）
（王思尧　奇安信集团安服专家）

根据奇安信参与实战化攻防演习的经验来看，随着攻防演习的推广不断深入，涉及的单位数量逐年增多，攻击手段的逐年多样，防守方的难度也在不断加码。针对实战化攻防演习，各大型企业最为关心的问题是如何进行有效应对。

下面我们将从大型企业所面临的困境与建议两个维度出发，助力企业顺利开展攻防演习活动。

一、困境

（一）组织经验欠缺

从以往的经验来看，参加防守的企业在演习前 2 个月才会接到通知并开始准备相关工作。企业工作人员对实战化攻防演习与传统的渗透测试、合规检查的区别，以及企业需要部署的重点工作知之甚少。

（二）技防准备不足

根据历年来协助各大央企开展实战攻防演习的经验，我们发现，下述几项内容往往会成为企业的防守薄弱环节。

1. 攻击面暴露过多

互联网出口和应用都是攻入内网的入口与途径。然而，目前仍然有部分集团型企业存在大量的互联网出口，并分散发布了大量的互联网应用，而且这些出口和应用的防护措施良莠不齐，给攻击者创造了更多机会。

2. 资产情况不明

集团内有多少个互联网出口？这些出口IP有多少个？发布的互联网应用与IP端口的对应关系是什么？为这些应用开放的端口是否有必要？这些开放的服务是否

存在安全漏洞？这些问题中的任何一环存在疏漏，都会造成攻击者突破互联网边界后进入内网。

3. 内网安全难以应对

部分企业存在“一张内网”的问题，各子网间没有进行隔离和防护，少数企业甚至出现过从地区办事处的办公电脑可直接访问总部数据中心核心交换机的情况。

4. 访问控制不严

随着网络架构和业务的增长与变化，企业的安全策略非常容易混乱。防守单位很难在短时间内梳理和配置几十个应用、上千个端口的精细化访问控制策略。缺乏访问控制策略的防火墙，就如同敞开的大门，安全域边界防护形同虚设。

5. 安全态势未知

部分企业虽然采购部署了网络安全监控设备与网络安全态势感知平台等相关工具，但是很难从每秒产生的上千条告警信息中甄别出实际攻击事件。

6. 新型应用带来新的挑战

以远程办公为例，视频会议系统软件漏洞、VPN密码爆破、远程连接通道被恶意利用等问题层出不穷，这为网络安全带来了新的挑战。传统的企业安全防护架构能否满足新型应用和新型业务模式的安全防护需要，以及如何做好特殊时期、特殊应用的防护工作，同样是各企业网络安全人员需及时解决的问题。

（三）人防队伍欠缺

由于种种约束和限制，部分企业在网络安全人才队伍建设上存在实际困境。其中包括人力资源缺乏导致企业难以建立健全安全组织架构，由此缺乏支撑安全业务的各项能力。网络安全人才的缺乏确实会导致企业网络安全工作与防御体系难以与时俱进。

二、建议

面对不断升级的网络安全威胁和严格的监管政策，企业想要做好实战化网络安全工作，需要从下面两方面入手。

- 深入完善网络安全体系建设，围绕规划、建设和运营三个阶段，不断深化开展企业网络安全域的划分、安全域边界的隔离和监控、计算环境安全的提升以及态势感知平台的建设。

- 持续优化提升安全实战能力，从资产基础信息管理、资产全生命周期安全、安全防护体系全局评估、集团级应急响应体系等几个方面开展持续深入的安全运营工作。

企业在开展上述工作的过程中，建议重点关注以下几个方面内容。

（一）安全运营工作的优化提升

安全运营工作水平体现在“全面、高效”两个方面。“全面”是指资产信息掌握要全，“高效”是指安全事件的响应效率要高。

多数企业都已经部署使用NGSOC平台，因此可基于NGSOC平台已有的能力，深化开展基于流量的资产探测、资产漏洞发现、资产配置缺陷发现等工作。在监测到的问题得到良好解决的基础上，企业还可以通过深化应用NGSOC平台的自动化编排功能，简化安全事件处置操作，压缩企业响应处置安全事件的时间，提高企业响应安全事件的准确性，提升总体安全事件响应效率。

（二）服务器安全的关键防护举措

首先需对服务器进行深入的威胁排查以及安全加固工作，包括病毒、后门、Webshell的扫描删除，以及补丁更新、基线检查与配置等内容。同时，对服务器基本信息进行全面的收集和管理，例如端口、服务、应用、账户等。然后，在这些信息的基础上，还需与主机安全加固产品结合，基于微隔离技术、HIPS技术、Webshell拦截技术等，对核心服务器做好精细化防护。最后，将上述内容统一做好详细记录，并集中、安全存储与管理，以供后续分析和溯源使用。

（三）威胁发现能力的深入挖掘

企业需不断提升和完善未知威胁的发现能力。威胁发现不仅仅是告警事件的分析与处置，而且要结合网络流量信息、终端安全防护数据、服务器防护信息等多维度数据，进行综合分析研判，并对照业务逻辑与日常规律，发现异常行为，定位未知威胁，描绘威胁攻击链、攻击时序、攻击范围以及攻击来源信息，为企业进行全面的事件处置提供真实、严谨的依据。

（四）社工防护的探索建设

在不断深化加强安全意识教育的基础上，企业需要组织钓鱼邮件、鱼叉邮件、交友诈骗、水坑攻击、WiFi钓鱼、问卷调查、虚假活动等社工评估活动，进行持续宣传教育。

（五）工业控制系统的重点防护

在“安全分区、网络专用、横向隔离、纵向认证”的基础上，还要重点做好精细化访问控制和即时集中监控工作。若某工控系统被选定为演习目标系统，建议提前对该系统进行详细的安全评估工作，摸清工控网的现状，并做好针对性的防护。

上述建议取之于实战演习，用之于实战演习，希望能对企业从容面对攻防演习、切实降低安全风险有所帮助。

如何组织一场安全、可靠、高效的网络实战攻防演习

（李绪彬　薛佳星　奇安信集团安服专家）

一场安全、可靠、有效的实战攻防演习，检验的并不是单纯的业务系统是否安全，更重要的是检验以人为核心的安全意识和对抗风险的能力。

面对错综复杂、不断进化的网络空间攻防，本文将介绍如何才能组织好一场安全、可靠、高效的网络实战攻防演习。

一、攻防演习的主要阶段和步骤

我们从攻防演习的准备、演习、收尾三个阶段，提炼了五个重要的步骤，具体内容如下。

（一）了解实战攻防演习的全貌

实战攻防演习是在保障业务系统安全性的前提下，明确目标系统，不限制攻击路径，以提权、控制业务、获取数据为目的。实战攻防演习通常以实际运行的信息系统为演习目标，通过有监督的攻防对抗，最大限度地模拟真实的网络攻击，以检验信息系统的安全性和运维保障的有效性。

在实战攻防演习中，包含攻击方、防守方、组织方三方，并配备实战攻防演习平台。组织方负责演习整体工作的组织协调，主要包括演习组织、演习过程监控、演习技术指导、应急保障、演习总结、防守技术措施与策略优化建议等。

实战攻防演习一般可分为准备、演习、收尾三个阶段（见图1）。

（二）明确组织架构与职责分工

在正式演习开始之前，应以监管（主办）单位为核心，成立演习指挥部，并下设演习组织机构，形成相应的工作组，如领导组、协调组、专家组、裁判组、应急组、技术支撑组等。同时，还需明确各组职责分工，做到工作到组、责任到人、分工有序、密切配合。

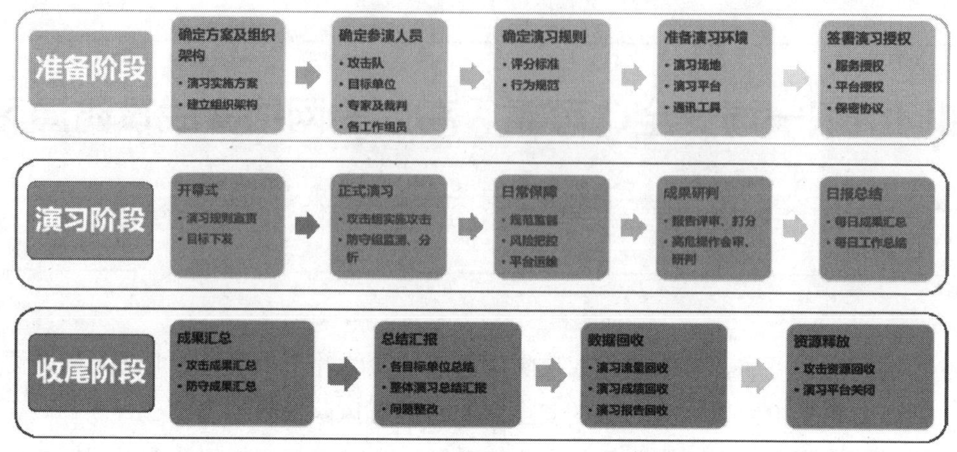

图 1

（三）建设攻防演习环境

为保证演习顺利开展，各工作组应以指挥部为中心，集中办公。此外，还要为各工作组准备单独的场地，各场地应具备电力、网络、办公桌椅等基础设备及后勤保障资源。演习指挥大厅应有大屏展示设备，用来动态展示演习过程和结果，并进行演习风险管控。攻击人员使用专用的笔记本电脑，并对系统环境进行统一初始化，然后安装录屏软件、终端管控软件。

对此，奇安信可提供可视化的演习平台，对攻击行为全程监控、全程审计，对演习态势与成果进行大屏展示，对演习过程和成果进行长期、持续管理，实现演习的全程监控、全程审计、全程可视、全程管理。所有参与人员如有攻击操作、防守成果提交、裁判评分等动作，都需在实战攻防演习平台上进行，以便事中、事后的审计。

（四）管控演习过程中的风险

可控是实战攻防演习任务应该遵循的基本原则，演习过程中应做到人员可控、过程可控、环境可控及成果可控。例如，在演习开始之前，需向攻击人员明确提出禁止使用和谨慎使用的攻击方式，并在演习过程中通过终端录屏、终端管控、现场录像、平台流量审计等技术手段进行监控溯源。对于突破重要边界及核心业务系统的行为，需要有专家组及用户予以研判和审核，并关注业务状态，以确定是否可以进行下一步突破。

（五）总结并整改演习中的问题

攻击方上报的攻击报告除包括攻击成果外，需要包含完整的攻击路径、木马及恶意程序上传位置、代码修改情况等信息。在演习结束后，通过平台记录的流量信息对攻击方提交成果的真实性进行审计。同时，组织方应及时通知各防守单位清理战场，避免已有的攻击线索及遗留风险造成二次伤害。

演习的目的是为了掌握安全状态，指导防守单位后续开展针对性的安全整改，因此需要组织方对本次演习的成果做好总结、汇报。防守方需对演习暴露出的问题进行及时整改、加固和复测。对于问题比较突出的单位，需要采用实战化的方式审视现有安全体系的有效性，开展专项安全规划、设计，将已有的安全体系升级为可抵御实战化攻击的安全体系。

二、风险规避措施

在实战攻防演习前，需制定攻防演习约束措施，规避可能出现的风险，并明确提出攻防操作的限定规则，以保证攻防演习能够在有限范围内安全开展。

（一）演习限定攻击目标系统，不限定攻击路径

在演习时，可通过多种路径进行攻击，不对攻击方所采用的攻击路径进行限定。在攻击路径中发现的安全漏洞和隐患，以及攻击方实施的攻击应及时向演习指挥部报备，不允许对其进行破坏性的操作，避免影响业务系统的正常运行。

（二）除授权外，演习不允许使用拒绝服务攻击

由于演习在真实环境下开展，为了不影响被攻击方业务的正常开展，除非经演习主办方授权，否则不允许进行拒绝服务攻击。

（三）网页篡改攻击方式的说明

演习只针对互联网系统或重要应用的一级或二级页面进行篡改，以检验防守方的应急响应和侦查调查能力。在演习过程中，攻击方要围绕攻击目标系统进行攻击渗透，在获取网站控制权限后，需先请示演习指挥部，在获得演习指挥部的同意后再在指定网页张贴特定图片（由演习指挥部下发）。如目标系统的互联网网站和业务应用防护严密，攻击方可以将与目标系统关系较为密切的业务应用作为渗透目标。

（四）演习中禁止采用的攻击方式

在实战攻防演习中，攻防手法也有一些禁区。设置禁区的目的是确保通过演习发现的信息系统的安全问题真实有效。一般来说，禁止采用的攻击方式主要有三种：

- 禁止通过收买防守方人员进行攻击；
- 禁止通过物理入侵、截断并监听外部光纤等方式进行攻击；
- 禁止采用无线电干扰机等直接影响目标系统。

（五）攻击方木马使用要求

需使用由演习指挥部统一提供的木马控制端软件，且所使用的木马不应具备自动删除目标系统文件、损坏引导扇区、主动扩散、感染文件、造成服务器宕机等破坏性功能。演习中禁止使用具有破坏性和感染性的病毒、蠕虫。

（六）非法攻击的阻断及通报

为加强对各攻击方发起的攻击的监测，需通过攻防演习平台开展演习全过程的监督、记录、审计和展现，以免演习影响业务的正常运行。演习指挥部应组织技术支持单位对攻击全流量进行记录、分析，并在发现不合规的攻击行为时，阻断非法攻击行为，然后转由人工处置，对攻击方进行通报。

中小型银行应该如何做好实战攻防演习工作

（吴楚豪　林宝晶　奇安信集团安服专家）

受金融业务发展需要的影响，银行在通过互联网为用户提供便捷业务的同时，原本相对封闭的金融系统在互联网侧的受攻击面不断加大。尤其是以城市商业银行等机构为代表的中小型银行，由于体量等方面的因素，在网络安全建设方面的投入跟不上业务发展的需求变化，导致无法应对当前复杂的网络安全形势。

一、主要经验

针对前述的困境，我们总结了如下几方面的经验，可帮助中小型银行做好实战攻防演习的准备工作。

（一）需要重点关注易受攻击的系统与设施

通过对多年来的实战攻防演习进行分析后发现，银行客户被攻击的系统主要集中在门户网站、信用卡系统、网银、电子商城等方面。除了这些核心业务系统外，一些非业务类的应用、中间件、平台等都可能成为攻击者的主要攻击路径。常见的攻击路径包括客服系统、教育培训系统、邮件系统等，也包括分支机构、开发测试网、金融云平台、第三方接入区、VPN、集权类系统、可以接入内部网络的个人终端等。

（二）以协同优先为原则，组织实战攻防演习工作

实战攻防演习是一个高频对抗的过程，在演习过程中，中小型银行可以考虑由行内高层领导挂帅，协调整体的演习工作；网络安全部门作为主责方，牵头实战攻防演习整体工作的落实；数据中心部门作为主防单位，负责安全设备、安全监控等工作的部署和落实；开发中心作为重要的处置单位，需配合安全部门和数据中心部门整改已发现的应用系统问题。

（三）强化积极防御能力，降低被攻陷的可能

在防守过程中，除了传统的防护设备外，建议采用网络安全滑动标尺模型中的叠加演进理念，既要审视与补充原有纵深防护体系中对内网防护能力的不足，又要构建全面的安全监测能力。例如，通过部署流量层面的威胁检测手段以及主机侧行为的监测手段，并结合专业人员的威胁分析能力，及时发现进入到内网的攻击行为，并采取有效的处置措施，降低攻击带来的影响。

（四）吸取大行经验，细节决定成败

在演习过程中，攻击方会高度模拟黑客攻击的方式，攻击的范围可能会被无限延伸。因此，对于中小型银行，在相对完善的安全防御体系的基础上，还需要关注一些细节，具体如下。

- **掌握真实的资产信息**：在日常安全工作中以及攻防演习的前期筹备阶段，进行内外部的资产梳理。当在演习中发现异常时，可以快速定位并及时处理。
- **梳理边界，汇总网络出口**：尽可能地将出口归束在总行出口，以减小暴露面，缩小攻击面，避免网络存在太多互联网出口。在此基础上结合攻击场景，梳理防范措施，并部署全流量威胁监测设备，以提升安全监测能力。
- **口令与权限管理**：利用流量监测或主机防护等设备，对弱口令等问题进行及时发现，并让相关部门对发现的弱口令问题进行及时整改。
- **建立业务红线机制**：攻击者的很多攻击无法被传统的防御系统监测到，因此需要针对演习中报备的目标业务系统建立安全红线机制，一旦发现异常，就进行告警。常见的安全红线机制有流量异常（三次握手不完整）、严格访问IP白名单（只要不是白名单中的访问IP，就触发告警）等。

（五）通过实战攻防演习推动安全防护能力建设

实战攻防演习是阶段性的，但是安全工作是持久性的。除了定期进行安全评估和渗透测试，有必要常态化组织开展本机构的实战攻防演习工作，评估当前安全防护状况，加强组织内部协调。同时，将实战演习时开展的安全工作下沉到日常工作中，避免在实战攻防演习前期搞短时间的突击，才能达到更好的效果。

（六）提升内部人员的防护能力才是根本

通过场景化的安全运营培训，以及利用虚拟化平台模拟实战化场景，并采用创

新的分组轮循式实操教学方式，来培养优秀的网络安全人员，以有效提升本单位发现和处置多种网络攻击的防护能力。

↘ 二、应对攻防演习的几个阶段

近年来，奇安信参与了众多国家级、省市级以及大型企业的实战攻防演习，积累并总结了一套完整的防守经验及最佳实践。

结合奇安信的这套防守经验以及最佳实践，中小型银行一般需要经历如下几个阶段，才能更好地应对攻防演习工作。

- **筹备阶段**：中小型银行在接到演习通知后，首先，应成立攻防演习指挥工作小组，并明确分工；其次，演习指挥小组要合理地制定演习目标，并围绕演习目标完善现有的防御体系；最后，演习指挥小组需要协同内部、外部资源，制定攻防演习过程中的各类方案及流程。
- **检查阶段**：检查阶段的目标是收缩行内的暴露面，减少行内互联网侧的敏感信息。在该阶段，需要从互联网侧和内网侧开展重点内容的检查，降低互联网侧的暴露面和敏感信息，同时加强内网侧弱口令、常规漏洞的整改，提升集权系统安全基线，以限制攻击者在内网的快速渗透和移动。
- **预演习阶段**：中小型银行客户在该阶段可以组织一次或者两次预演习，采用互联网、内网等不同的攻击场景和路径，检验现有防御体系的有效性和安全运营团队协同的有效性。
- **值守阶段**：在正式的攻防演习阶段，演习指挥小组采用协同安全的理念，加强合作，协同内部部门之间、外部安全厂商之间通力合作、明确分工，一起做好正式攻防演习的攻击监测、分析和处置工作，尽量保证演习期间少丢分、不丢分。
- **总结阶段**：组织复盘，针对演习过程中的不足予以优化；针对演习过程中的优点进行总结提炼，并固化到日常的安全运营工作中，从而提升整体的安全防御能力。

10

第 10 章 研究前哨

隐私计算四大技术流派谁主沉浮

（韩培义　哈尔滨工业大学（深圳）-奇安信数据安全研究院副院长）

2020 年 4 月，《关于构建更加完善的要素市场化配置体制机制的意见》发布，明确将数据作为一种新型生产要素，与土地、劳动力、资本、技术等传统要素并列为要素之一。2020 年底，《关于加快构建全国一体化大数据中心协同创新体系的指导意见》发布，强调加速数据流通与汇聚融合，将全国的各地大数据中心充分应用起来，实现数据流通共享、协同创新。2021 年 5 月，《全国一体化大数据中心协同创新体系算力枢纽实施方案》发布，明确指出“试验多方安全计算、区块链、隐私计算、数据沙箱等技术模式，构建数据可信流通环境，提高数据流通效率”，以此促进数据有序流通，为培育数据要素市场奠定基础。

数据要真正成为生产要素，面临着一个重要障碍：数据要素在流通过程中如何保障数据隐私？对此，学术界和工业界提出了一系列新技术，尝试破局数据隐私保护与数据要素流通相悖的这一挑战。

本文从数据流动（数据流出/不流出）和数据计算（集中/协同计算）这两个角度对相关技术进行了梳理和分析，并形成四大技术流派：

- 匿名脱敏、差分隐私与同态加密；
- 安全多方计算；
- 联邦学习；
- 可信计算平台。

其中，匿名脱敏、差分隐私与同态加密这一技术路线往往应用于数据持有方对自身数据进行脱敏、扰动或加密等操作后，分发给数据需求方进行集中式的计算，属于数据流出/集中计算这一技术象限。安全多方计算技术需要多个数据持有方共同参与，安全地完成某种协同计算，属于数据流出/协同计算技术象限。联邦学习采用分发模型在每个数据持有方就地计算，在保证数据不流出的前提下实现多方数据的融合分析，属于数据不流出/协同计算技术象限。可信计算平台则要求数据需求方在其安全可控的环境下进行数据分析，只能带走结果而带不走数据，属于数据不流出/集中计算技术象限。

一、数据脱敏、差分隐私与同态加密

数据脱敏是指使用脱敏规则对数据中的某些敏感信息进行数据的变形，从而达到保护敏感隐私数据的目的。数据脱敏主要包括数据匿名化和数据去标识化两种方式。数据匿名化是指从数据集中删除可识别出个人的信息，以便数据描述的个人可以保持匿名。数据去标识化是指对数据中可以标识个人的信息进行处理，使其经过处理后无法识别到特定的个人。

差分隐私旨在提供一种在分析数据时能最大化数据分析的准确性，同时最大限度地降低识别其记录的方法。该技术通过在数据或者计算结果中添加一定强度的噪声，来保证用户无法通过数据分析结果推断出数据集中是否包含某一特定的数据。根据添加噪声的对象不同，差分隐私可以分为本地差分隐私和计算结果差分隐私。本地差分隐私是在数据分析前在数据中添加噪声，而计算结果差分隐私则是在数据分析后对分析结果添加噪声。

同态加密是一种加密形式，允许直接在密文上进行特定形式的代数运算以得到加密的计算结果，而且在将其解密后得到的明文结果与直接在明文上进行同样的运算得到的结果保持一致。根据支持的运算种类的不同，同态加密可以分为部分同态加密和全同态加密。部分同态加密只支持在密文上进行单独的加法运算或单独的乘法运算，而全同态加密可以支持在密文上同时进行加法和乘法的混合运算。

数据脱敏、差分隐私、同态加密等技术通过对数据进行变形、扰动、加密等操作，可保障数据流出时的隐私安全。但是，它们也有一些局限性，具体如下。

- **数据脱敏容易遭受攻击**：通过结合外部数据来分析已脱敏数据的其他数据属性，可以恢复出数据中的敏感信息。
- **差分隐私降低机器学习的准确率**：差分隐私通过控制噪声的强度来权衡数据的隐私性和可用性。较高强度的噪声虽然可以较好地保护隐私，但是对数据分析的准确性也有较大的影响。
- **同态加密运算效率低**：有研究表明，同态加密对15位数据的加密运算时长平均为5.5分钟。

二、安全多方计算

安全多方计算是密码学的一个子领域，其目标是为各方创建方法以共同计算其输入的函数，同时保证这些输入内容不被泄露。安全多方计算与传统的密码学的任务不同，密码学确保通信或存储的安全性和完整性，攻击者位于参与者系统之外，而安全多方计算技术用于保证参与者的隐私不被侵犯。

随着业界对安全多方计算技术的关注，安全多方计算的应用范围也越来越广泛，国内外各大厂商也相继推出各自的安全多方计算平台或隐私计算平台。与此同时，开源的安全多方计算库也越来越多。

安全多方计算拥有多种技术实现方式，这里简要介绍两种主流的技术方案：混淆电路与秘密共享。

（一）混淆电路

混淆电路（Garbled Circuit）是一种加密协议，最初支持两方安全计算，其中互不信任的双方可以在没有可信第三方的情况下完成某个函数的计算过程。混淆电路经过扩展后可支持安全多方计算。它的核心思路是将双方参与的安全计算函数编译成布尔电路的形式，并将电路的真值表进行加密、打乱，从而实现电路的正常输出而又不泄露参与计算的双方的私有信息。

由于任何安全计算函数都可转换成对应的布尔电路的形式，因此相较于其他的安全计算方法，混淆电路具有较高的通用性。

（二）秘密共享

秘密共享（Secret Sharing）是指在一组参与者之间分发秘密的方法，其中每个参与者被分配了一份分割后的秘密，只有当足够数量的、不同类型的分割后的秘密组合在一起时，才能将秘密恢复出来，单个的分割后的秘密本身是没有任何意义的。

在使用秘密共享进行安全多方计算时，在计算阶段对这些分割后的秘密进行计算操作，计算完成后使用分割后的秘密将结果进行恢复。

安全多方计算利用密码学方案，实现了可证明的安全性，对于安全性要求较高的场景具有较好的应用价值。但是，安全多方计算在实际落地中，仍然存在一定的局限性。

- **性能低下**：由于使用了很多密码学方法，因此在整个过程中无论是计算量还是通信量都非常庞大，对于一些复杂的任务，在短时间内无法使用安全多方计算技术完成。

- **程序编写难度大**：由于安全多方计算涉及的密码学技术较多，且应用起来其流程比其他技术复杂，通常需要通过借助额外的编程库实现。这大大增加了应用编写人员的学习成本和工作量，导致在实际落地过程中存在障碍。
- **调试难度大**：由于安全多方计算仅输出最终的执行结果，导致在面对复杂的分析问题时，使用者难以仅通过程序的最终执行结果获得反馈去优化整个数据分析过程，因此会使调试难以进行。

三、联邦学习

联邦学习的概念于 2016 年由Google率先提出，用于解决Android手机终端用户在手机端使用用户数据训练模型的问题。联邦学习在本质上是一种分布式机器学习，多个数据拥有方在一个中央服务器或服务提供商的协调下进行协作，以解决机器学习问题。每个参与方的原始数据都存储在本地，不进行交换或传输，而是通过传递模型梯度等信息到服务器端进行聚合，集中更新模型，实现学习目标。

根据应用场景中数据的分布特点，联邦学习分为横向联邦学习、纵向联邦学习和联邦迁移学习。横向联邦学习是指数据拥有方拥有的数据特征重叠较多而用户重叠较少的情况，如同数据集按照横向（用户维度）切分。纵向联邦学习是指数据拥有方拥有的用户重叠较多，而用户特征重叠较少的情况，如同数据集按照纵向（特征维度）切分。联邦迁移学习则是在数据拥有方拥有的数据用户和特征重叠都较少的情况下，利用迁移学习来克服数据和标签不足的情况。

当前，数据隐私保护越来越受到重视，联邦学习的应用范围也愈加广泛。联邦学习可以在数据不流出本地的前提下，联合多个参与方训练模型，因此，对于打破数据孤岛具有重要意义。

尽管如此，联邦学习在实际应用过程中依然存在一些挑战。

- **存在隐私泄露风险**：联邦学习各参与方在本地训练模型，然后将各个参与方模型的梯度传递到中央服务端进行聚合，实现模型共享。然而，有研究表明，攻击者可以通过模型梯度信息推断隐私数据。
- **机器学习算法兼容性较差**：联邦学习需要对现有算法进行修改，且目前支持的机器学习算法较少。

- **机器学习任务调试困难**：联邦学习建立在一个理想的前提下，即模型及其超参数已经最优，且数据分析师只需要根据模型来评估指标是否超过所需阈值，就可以完成联邦训练任务。然而在实际中，最优的模型和参数往往需要通过不断尝试与调试来获取。此外，一个标准的机器学习工作流包括数据探索、特征工程、模型选择、超参数优化等步骤，在联邦学习场景下，数据分散在各地，数据可用不可见，因此这些步骤很难在保证安全的前提下完成。

四、可信计算平台

可信计算平台通过隔离机制构建一个安全可控的区域，保证其内部加载的数据的机密性和完整性。可信计算平台主要适用于数据集中训练且数据不流出的场景。可信计算平台目前主要有可信执行环境、数据沙箱等技术路线。

（一）可信执行环境

可信执行环境（Trusted Execution Environment，TEE）基于软硬件隔离安全机制提供一个安全隔离的执行环境，防止外部攻击者（包括系统管理员）窃取其内部运行的数据。

可信执行环境就像一个“密室”，“密室”中的数据只能在“密室”中进行解密和计算，数据在离开“密室”前会自动加密。主流TEE技术以Intel SGX技术和ARM TrustZone技术为代表。Intel SGX技术是一组预置在Intel芯片内的用于增强应用程序代码和数据安全性的指令。开发者使用SGX指令将计算应用程序的安全计算过程封装在一个飞地（Enclave）容器内，从而保障代码和数据的机密性与完整性。ARM TrustZone技术则是对原有架构进行修改，在处理器层次引入两个不同权限的保护域——安全世界和普通世界，任何时刻处理器仅在其中的一个保护域内运行。

由于TEE由于依赖于CPU等硬件实现，因此必须确保芯片厂商可信。同时，TEE对服务器型号的限制较大，其功能性和性能等均受到硬件限制。

（二）数据沙箱技术

数据沙箱技术则通过构建一个可信计算环境，使得外部程序可以在该环境中执行。隐私数据可以以裸数据的形式放在该平台中，由摆渡过来的外部程序利用这些数据进行模型加工，但数据需求方的人员不能进入数据沙箱查看真实的全量数据。

数据沙箱将调试环境和运行环境隔离，数据分析师在调试环境中使用样本数据调试代码，然后将代码发送到运行环境中运行全量数据。数据分析师从始至终无法接触全量数据，从而达到保护数据隐私的目的。

数据沙箱技术的主要特点是将隐私安全能力植入大数据计算、存储引擎等基础设施，通过将调试环境与运行环境隔离，构建一个安全可控的数据环境，提升数据融合计算过程中的隐私安全水平，实现数据挖掘计算过程中的可用不可见。数据沙箱技术无须改变业务原有的技术栈和使用习惯，也不用改造现有的数据分析算法和工具，因此可使得业务算法模型的精度折损最小。

漏洞情报——为什么、要什么和怎么做

（汪列军　奇安信威胁情报中心负责人）

一、为什么需要漏洞情报

由于漏洞会直接或间接影响到系统安全性的核心层面——权限，因此漏洞一直是网络攻防的焦点所在。漏洞信息在本质上是一类威胁情报，可以用来结合组织自身的资产驱动持续地检测与响应，避免导致实际的风险。

近年来，陆续有一些厂商开始从事漏洞情报相关的工作。它们声称，基于漏洞优先级技术（VPT，Vulnerability Priority Technology）可提供更有价值的漏洞信息服务。为什么会有VPT这种提法？一个大型的漏洞库不能满足用户的需求吗？是的，不满足，而且远不能满足。

为了更好地理解这个问题，我们需要对漏洞的现状有一个基于统计数据的分析。

（一）一些基本的统计数据

我们收集了 2020 年全年加 2021 年上半年的漏洞信息，其中漏洞总数为 37478 个。以下是有关漏洞信息的一些基本统计。

- 零日漏洞的数数量：106 个（占比 0.28%）。
- ZDI（零日计划）漏洞的数量：450 个（占比 1.2%）。
- 无CVE（通用漏洞披露）编号的漏洞数量：10887 个（占比 29%）。
- 有CNVD（国家信息安全漏洞共享平台）编号的漏洞数量：17593 个（占比 47%）。
- 有公开利用的漏洞数量：1973 个（占比 5%）。
- 有野外利用的漏洞数量：667 个（占比 1.8%）。
- APT相关的漏洞数量：30 个（占比 0.08%）。

（二）基于数据的分析结论

1. 真正造成实际风险的漏洞只占少数

尽管有公开利用的漏洞占比超过 5%，但只有 1.8%的漏洞显示存在野外利用。所以，实际导致安全风险的漏洞在已知漏洞集中只占很小一部分。

2. 关注漏洞的实际野外利用状态非常重要

有公开利用的漏洞数量为 1973 个，有野外利用的漏洞数量为 667 个，只有其中 319 个被公开利用过，大量的野外利用漏洞处于私有状态，所以仅仅通过标记漏洞是否存在公开的利用来判定漏洞的现实威胁是不够的。

3. CVE漏洞平台远没有覆盖绝大多数已知的漏洞

无CVE编号的漏洞占比为 29%，因此，有大量的漏洞在CVE的视野之外。在这类无CVE编号的漏洞中，国产软件来源的漏洞占了很大比例，因此非常有必要维护一个CVE超集类型的漏洞库。

（三）用户的漏洞处理痛点

通过以上的数据分析，再结合实际的用户反馈，我们整理了漏洞处理过程中的如下痛点。

- 每天有数以百计的新漏洞被披露出来，我们如何才能识别出哪些漏洞是真正有威胁的。
- 一般情况下，攻击者会比防御方能更早地知道漏洞的存在，我们如何能尽早地得到完整准确的信息，不要落后攻击者太多。
- 在很多场景下，用户无法随心所欲地安装补丁，是否有快速可靠的临时解决方案来规避漏洞导致的风险。
- 在处置资源有限的情况下，需要优先处理哪些漏洞，以最大程度地减小漏洞风险。
- 如何把漏洞情报无缝地集成到组织自身的日常漏洞处理流程和机制中。

优秀的漏洞情报处理工作需要能解决上面这些痛点，解决或缓解用户的焦虑。接下来我们看看怎么做。

二、应该怎么进行漏洞情报工作

基于奇安信 CERT 的漏洞情报运营实践，我们认为漏洞情报的运营与其他威胁情报的运营一样，需要起到收集器、过滤器和富化器的作用。

通过对一手数据源的挖掘和信息的实时采集，结合威胁情报对漏洞进行多维度的属性标定，保证漏洞信息的全面性和及时性；分析团队依据完善的流程和专业经验对漏洞的影响面和技术细节进行研判，把真正重要的漏洞过滤出来，保证信息的准确性和处理优先级的可靠性；对于确认的重要漏洞，需要富化漏洞信息的上下文，跟踪漏洞的现时威胁状态，关联相应的安全事件，给出切实可行的处理方法，提供除补丁链接以外的其他威胁缓解措施建议。

（一）全面的多维漏洞信息整合及属性标定

相较于传统的漏洞库，威胁情报最大的区别在于对漏洞本身技术层面以外的维度进行持续动态跟踪。一般来说，漏洞库的核心信息只会涉及软硬件影响面（厂商、应用及版本）和漏洞本身技术层面（威胁类型、利用场景、危害大小等）的评估。但是，这些信息还远远不够。为了有效管控漏洞导致的风险，通常需要了解更多信息，具体如下。

- 漏洞是否在默认配置下存在。配置情况对漏洞可利用性的影响极大，非默认配置下的漏洞的实际威胁往往远不如技术层面的定性看起来那么大。
- 漏洞相关的应用系统部署量有多大。这直接影响漏洞整体的威胁评估。
- 漏洞是否已经有了公开的技术细节、漏洞利用工具以及概念验证代码（PoC）。这关系到漏洞能否转变为现实的攻击。
- 漏洞是否已经有了野外的利用。这关乎漏洞是否已经从潜在威胁转化为现实威胁。
- 漏洞是否已经被用在已知的漏洞利用攻击或大型的僵尸网络中。这关系到漏洞的现实威胁是否得以提升。
- 漏洞是否为零日漏洞或与APT活动相关。这关乎漏洞是否可被用于攻击高价值的目标。

上面这些属性都应该通过运营被标记出来，以方便用户根据优先级进行处理。

奇安信CERT的漏洞情报还支持基于标签的搜索，因此用户可以非常方便地获取匹配特定属性的漏洞集合。这些标签将来还会有对应的分类和描述，从而可以用于更深入地了解漏洞导致的威胁。

（二）判定漏洞所导致的实际安全风险

目前，每年都会新增几万个漏洞，如果全部对其进行分析验证，则需要巨量的资源投入，这对任何厂商和组织来说都是不可能完成的任务，而且从操作层面上来说既无可能也无必要。事实上，每年新公开的漏洞中，只有极少数会被认真研究。

在漏洞的处理流程上，奇安信CERT会根据漏洞的影响面和验证条件，筛选出值得深入分析的漏洞，然后利用多种渠道收集PoC或自研PoC进行技术验证。这是在漏洞情报运营过程中对专业度要求最高的环节。

漏洞运营的目标不仅仅是告诉用户哪些漏洞是重要的，而且还需要告诉用户哪些看似高危的漏洞所对应的风险其实名不副实。

（三）对综合性漏洞的处理进行优先级排序

在筛选出的重要漏洞中，大量的漏洞具有相同的CVSS（通用漏洞评分系统）评分，因此仅基于这些评分很难对漏洞的实际风险做出有效的评估。其他条件，比如漏洞在默认配置下是否存在、漏洞利用的易用性和稳定性、攻击者所能接触到的存在漏洞的资产量级等，都对漏洞的实际风险有极大影响，而这些维度的评价在CVSS评分体系中非常难以准确量化。

但是，目前普遍基于CVSS 评分的高低来评估漏洞的危险程度。这样做真的能准确地反映漏洞的实际风险吗？从我们过去的分析结果来看，基于CVSS评分的实际威胁评估非常不靠谱。

目前，CVSS 评分高于 9.0 的漏洞数量有 13000 多个，其中有 3300 多个（占比25%）漏洞存在对应的漏洞利用细节。这个比例不算低，但是其中 580（占比不到5%）多个漏洞被标记被存在野外利用。所以，即便是在技术层面风险度非常高的漏洞，真正被用于网络攻击的概率也不高。奇安信CERT的漏洞情报多维度标签为用户提供了基于漏洞现时状态进行优先级排序的可能。

（四）及时通知与组织自身相关的漏洞风险

目前，漏洞从信息公开到被野外利用的间隔期越来越短。为了及时输出漏洞风险通知，理想的漏洞情报的运营条件是采用 7×24 小时的监测处理机制，直接从厂商源头采集信息，及时研判并实时推送漏洞状态更新。

我们认为，如下 5 类漏洞相关的状态更新需要尽快通报，因为这些更新会对漏洞的现实危害程度带来影响：

- 新的关键漏洞的公开；
- 发现关键漏洞的技术细节；
- 关键漏洞的利用工具或概念验证代码的公开；

- 发现关键漏洞的野外利用案例；
- 发现关键漏洞的新修补和缓解方案。

（五）包含详细操作步骤的可行处置措施

除了全面性、及时性，提供有效的缓解措施和可落地的解决方案也是漏洞情报实现其价值的重要一环。很多时候，安装补丁并不是漏洞威胁处置的第一选择，因为在打补丁时会受到各种现实条件的限制。

因此对于很多重要的漏洞，奇安信CERT团队还会组织相关部门开发主机或网络虚拟补丁，寻找通过调整机器配置暂时规避漏洞利用的临时解决方案，输出经过验证的操作步骤，帮助客户迅速规避风险，然后在合适的时机进行彻底修复。

三、不同类型的用户对漏洞情报的选择要点

当前，网络安全正处在一个转型升级的上升期，新的安全理念、新的安全技术不断涌现。传统的安全思维模式和安全技术已经无法有效满足客户对安全防护的需要。要实现有效的积极防御，很关键的一点是要具备安全情报的收集与使用能力。

对于个人用户、企业用户以及安全监管单位来说，如何挑选到满足自身业务需求的优质漏洞情报呢？我们可以简单概括为一句话：“个人用户挑产品、企业用户挑服务、监管机构挑供应商。”

个人用户只需要确保自身的隐私安全和资产安全，不需要关注漏洞本身的技术细节，因此在漏洞情报的使用上更加依赖于其部署的终端安全产品对漏洞情报的敏感程度。

企业用户由于其信息系统比较复杂，单一的安全产品无法满足企业用户建立企业自身漏洞检测与响应能力的需求。企业需要更加精准和定制化的漏洞情报服务，来帮助管理者迅速判别漏洞对企业业务的影响，并第一时间进行有效的漏洞处置。

安全监管单位关注全网的网络安全态势，需要庞大的漏洞情报数据库提供支撑，因此更加考验漏洞情报供应商在模式化的安全产品和情报服务之上所拥有的灵活、可变通的业务适应能力。

软件安全开发的主要方法与问题

（韩建 奇安信代码安全事业部副总经理）

一、背景

数字化时代，软件无处不在。软件如同社会中的“虚拟人”，已经成为支撑社会正常运转的最基本元素之一。软件的安全性问题也正在成为当今社会的根本性、基础性问题。

有数据显示，国内企业软件项目的源代码缺陷密度为10.11个/千行，高危缺陷密度为1.08个/千行；国内企业软件项目均无一例外地使用了开源软件，平均每个项目使用了126个开源软件；近9成软件项目存在已知的开源软件漏洞，平均每个软件项目存在66个已知的开源软件漏洞，有的软件项目存在1200个已知的开源软件漏洞。

由此可见，国内软件安全形势严峻。在软件系统建设过程中，安全长期缺位，同时软件开发无法获得系统化安全能力的支撑，因此需要结合软件开发流程，充分考虑敏捷、持续集成、开发运维一体化（DevOps）等软件开发新模式，实现安全防护机制内生于软件系统，使得保持软件开发敏捷的同时，确保软件建成后满足安全要求，具备对抗风险的能力。

作为一个在数字化时代保障业务安全有序运转的机构，需要围绕软件开发生命周期构建软件安全能力支撑体系。

二、解决思路

参考微软的安全开发生命周期、软件保证成熟度模型、开发安全运维一体化等软件安全开发实践，构建一套完整的软件安全开发体系。在研发全生命周期中引入安全的审查和管控，在研发过程中尽可能多地提供自动化测试手段，并从业务需求到产品交付实施全链路端到端的安全检查，确保软件安全防护能力不断提升。

软件主要由两部分构成，一是研发人员自主开发的业务代码，二是业务代码依赖的开源代码。本文介绍针对这两部分内容的相关安全实践。

三、业务代码安全治理实践

业务代码安全治理的主要目的是分析研发人员编写的程序中是否存在安全缺陷、性能问题，以及是否有不好的编码风格。如果存在，则给出合理的修复建议，并跟踪这些问题的修复过程。在阶段采用的技术手段主要是通过源代码静态分析工具对业务代码进行自动化分析。

（一）业务代码安全治理的主要手段

企业业务代码的安全治理通常包括以下几个方面。

1. 制定软件安全编码规范

根据企业业务、开发技术等情况，制定相应的软件安全开发规范。组织软件安全开发规范培训，让研发人员熟悉每条规范描述的问题类型、原理、危害、修复方法等内容。要求研发人员在开发过程中遵循企业软件安全开发规范。

2. 搭建源代码静态分析平台

企业需要搭建一套源代码静态分析平台，将源代码静态分析集成到企业现有的开发流程测试中。例如，将源代码静态分析平台与企业软件版本管理系统进行集成，与构建工具进行集成，与持续集成系统进行集成，与缺陷跟踪系统进行集成，与集成开发环境进行集成等。

3. 在开发阶段进行自助式安全检测

开发人员在开发阶段进行自助式安全检测，根据自身情况自由选择检测方式、检测时间。例如，通过集成开发环境发起检测，通过软件版本管理系统发起检测，每天或每周进行一次源代码安全检测。

开发人员将源代码静态分析工具检测出的问题进行修复，然后再进行检测，直到问题都得以解决。

4. 在持续集成阶段进行自动化安全检测

在该阶段的企业实践过程中，主要有两种方式。一是在软件程序构建的同时，发起业务代码安全检测，使得在不影响构建流程的情况下查看每次集成构建时的业务代码的安全检测结果，并根据结果修复相应问题，然后再提交代码进行集成构建，直到问题都得以解决。二是在软件程序的构建流程中，加入业务代码安全检测。在该过程中，通常会制定一个“缺陷门禁”列表，如果检测到的问题在该列表中，则构建流程终止，并提示相应开发人修复相应问题，然后再发起集成构建流程。

5. 在测试阶段进行安全验收检测

安全测试人员针对开发人员提测的软件项目进行业务代码安全验收检测，将发现的业务代码安全问题提到相应的缺陷跟踪系统中，然后交由开发人员进行修复后再次发起测试。

（二）业务代码安全治理的主要问题

在企业业务代码的安全治理过程中，通常会遇到下面这些问题。

1. 软件安全开发规范落地效果不佳

很多企业都有自己的软件安全编码规范，但是落地效果一般不佳，主要原因包括软件安全编码规范条目太多，导致开发人员无法抓住重点；缺少针对安全编码规范的检查手段，不清楚开发人员在开发过程中是否遵循了相应的规范；缺少持续的安全编码规范培训。

企业在制定软件安全编码规范时，可以参考国家、行业标准，并企业业务类型、历史软件安全漏洞类型，制定一份符合自身需求的软件安全编码规范，使其尽量聚焦企业最为关注的安全问题，并制定相应的检测手段。

2. 如何推动开发人员进行业务代码安全检测

在业务代码安全治理的初期，开发人员经常会有一定的抵触情绪，认为是在给开发增加额外的工作量。为了推动开发人员进行业务代码的安全监测，可采用如下办法。

- 通过培训让开发人员认识到“安全左移”带来的好处。
- 在研发团队中增加一个安全专员的角色，由安全专员推动项目组进行业务代码安全检测。
- 研发团队在提交安全测试工单时，安全测试部门要求研发团队提交业务代码安全自测报告，并优先处理提交了业务代码安全自测报告的工单。

3. 业务代码静态分析的误报，给开发人员带来“告警噪声”

软件开发团队饱受安全告警信息的狂轰滥炸（而且这些信息的数量还在持续增长）也是开发人员不愿意进行业务代码安全检测的最主要原因。其中包括过高的业务代码静态分析误报数据导致开发人员不再信任相关告警；检测结果中提到的风险在理论上是存在的，但是并无法在实际环境中进行验证；研发团队不理解相关告警及修复方案等。

企业在进行业务代码的安全检测之前，首先根据企业自身软件安全编码规范，制定一份相对合理的检测模板，并在业务代码的检测修复过程中，跟踪研发人员对于检测结果的处理方式，然后根据研发人员的反馈信息持续修订检测模板。

四、开源代码安全治理实践

开源软件安全治理的主要目的是分析企业软件系统中使用了哪些开源软件、使用的开源软件存在哪些风险，然后针对存在风险的开源软件进行修复，并持续跟踪开源软件漏洞情报信息。开源软件安全治理采用的技术手段是通过软件成分分析工具对软件进行自动化分析。

（一）企业开源软件安全治理的主要方式

企业开源软件的安全治理通常包括以下几个方面。

1. 搭建开源软件安全治理平台

企业需要搭建开源软件安全治理平台，对接企业现有的软件开发测试发布流程，如与企业软件版本管理系统、构建工具、持续集成系统、缺陷跟踪系统进行集成，将开源软件安全治理融入软件生命周期中。

2. 私服仓库安全管理

有些企业要求开发人员使用的开源软件必须从私服仓库中下载。在开源软件安全治理过程中，需要对私服仓库中的开源软件进行定期安全检查，以确定里面的开源软件是否存在风险，并对存在风险的开源软件设置拦截策略，阻止其下载。

3. 在设计阶段提供开源软件查询

在设计阶段提供开源软件查询功能，为架构师和开发人员进行开源软件的选型提供风险识别能力。

4. 在开发阶段进行自助式安全检查

开发人员在开发阶段进行自助式安全检查。开发人员可以在开发阶段的任何时刻可以发起开源软件安全检测，并根据开源软件安全治理工具分析出的结果，对开源软件进行升级修复。

5. 在持续集成阶段进行自动化安全检测

在该阶段的企业实践过程中，主要有两种方式。一是在软件程序构建的同时，发起开源软件安全检测，使得在不影响构建流程的情况下查看每次集成构建时的开源代码的安全检测结果，并根据结果修复相应问题，然后再提交代码进行集成构建，直到所有开源软件的风险都得以解决。二是在软件程序的构建流程中，加入开源软件安全检测。在该过程中，通常会制定一个“缺陷门禁”列表，如果检测到的问题在该列表中，则构建流程终止，并提示相应开发人修复相应问题，然后再发起集成构建流程。

6. 在测试阶段进行安全验收检测

安全测试人员针对开发人员提测的软件项目进行开源软件的安全验收检测，将发现的开源软件安全问题提到相应的缺陷跟踪系统中，然后交由开发人员进行修复后再次发起测试。

7. 在运行阶段进行漏洞情报监控

针对企业软件中使用的开源软件，持续监控漏洞情报信息。如果发现开源软件出现新的漏洞，则及时进行应急响应。

（二）开源软件安全治理的主要问题

在企业进行开源软件安全治理的过程中，通常会遇到下面这些问题。

1. 开源软件的漏洞多，需要对开源软件漏洞的修复进行优先级排序

在开源软件安全治理的初期，会发现几十、几百，甚至上千个开源软件漏洞，企业不可能修复所有的开源软件漏洞，因此需要找到一种方法来确定哪些漏洞的危害是最严重的。对漏洞进行优先级排序是确保最严重的漏洞首先得到快速修复且不拖慢开发进程的唯一方法。

在企业开源软件的安全治理过程中，可以从黑客视角评估开源软件漏洞的修复优先级，如漏洞利用工具的可获得性、类似漏洞的可利用性、漏洞的严重性、黑客社区对于漏洞的热度、漏洞的利用成本等。

2. 如何对无法通过升级修复的漏洞进行整改

在企业开源软件的安全治理过程中，会发现有些开源软件是无法进行升级的。例如，开源软件版本之间的差异对业务的影响太大导致升级成本高，以及开源社区对于开源软件版本的维护不到位等。针对无法通过升级新版本进行整改的开源软件漏洞，通常有两种做法。一是分析该漏洞的细节，看是否可以通过网络防护策略（如

增加防火墙规则）阻止漏洞利用。二是在不更改开源软件功能特性的情况下，精准修复漏洞，但是该方法需要漏洞分析专业人员提供专业的修复解决方案。

五、总结

打铁还需自身硬。软件代码是构筑信息化系统的基础，软件代码中的安全漏洞是安全事件频发的根源。忽视软件自身代码的安全性，而只依靠传统的安全防护手段无法抵御外界不断升级的攻击手法。为了抵御来自外界不断升级的威胁，应加强软件自身的安全管控，为软件植入安全“基因”，从根源上提升抗风险能力。

软件安全开发是一项持续性的长期工作。在实践过程中，必须以扎实、细致的工作态度来推动实施。要正确认识软件安全开发的长期性和艰巨性，建立合理有效的工作机制，持续运营和不断完善。要建立适配企业技术栈的工具链，为整个软件安全开发体系的高效运行提供技术支撑。要以柔和的方式介入企业原有的开发流程，逐步培养开发人员的安全意识，使开发人员能够主动地思考安全问题，把安全当作本职工作。

新一代交互式分析引擎QAL在企业大数据安全运营中的应用

（韩鹏 奇安信集团大数据与安全运营公司高级研发总监）

一、企业大数据安全运营需要什么分析能力

当前，网络信息的全球化和开放性为网络安全带来了新的挑战。现代的网络攻击是一个复杂的、多阶段的、持续时间长的、跨多个网络节点的动态过程。而单独的安全产品基于其自身防护场景，只能看到攻击的某一片段，无法重现整个攻击过程。要想还原攻击全貌，则需要将各个安全产品监测到的安全事件进行组合分析。因此，对于企业大数据安全运营工作来说，能将各种独立采集的异构数据联合起来进行高效率的深度分析，是首要且关键的能力。

这种能力有两个关键词：高效分析和深度分析。传统的安全分析使用OLAP（联机分析处理）系统对离线或实时的数据进行查询分析。在数据量比较大时，这种查询的响应时间会比较长，甚至在 10 分钟以上。因此，会严重影响到安全运营人员的分析效率。

对于一个高效率的分析系统来说，其响应时间需要尽可能低。当响应时间足够低时，整个查询分析可以认为是一种交互式分析，这可确保在安全运营工作中，安全运营人员可以近实时地对各种数据进行分析。这也是下一代分析引擎非常重要的特性——近实时交互式分析。

对于安全运营人员来说，另一个关键的问题是分析的语义表达。也就是说，需要能进行深度（更深的语义能力）分析。深度分析有别于使用SQL进行查询的传统分析方式，传统的分析已经远远无法赶上现代数据分析的需要。因此，安全大数据分析需要更强的语义扩展能力，这也是现代安全大数据分析引擎的一个重要特性。

针对高效分析和深度分析这两个特性需求，奇安信充分借鉴和发展了现代OLAP系统的主流技术特点，自研了新一代交互式分析引擎——QAL（Qi’anxin Analyzing

Language，奇安信分析语言），旨在降低安全大数据分析的门槛，并统一分析模型，从而解决异构数据源的差异性和查询效率等技术问题。

二、QAL语言及查询场景

QAL既是一种分布式计算引擎，也是一种DSL（领域特定语言）式的查询语言。相较于SQL语言，QAL不再注重语言描述结构，更加接近自然语言。QAL是一种高内聚、低耦合的声明式DSL。交互分析是QAL引擎的核心特性。下面看一下QAL如何应对典型的基线分析场景。

从传统上来说，在安全运营工作中，非常重要的一项工作就是维护和运营安全基线。这里的安全基线指的是企业为了保护安全信息系统而定义的一系列基准。同时，在安全大数据分析中，基线分析是一种新型方法，它通过对数据的排序、趋势计算、预测等方法来发现安全风险。例如，对于表 1 中的数据（来自于用户交互登录主机的日志），我们期望能从中分析每个用户的交互登录。

表 1

事件代码	关键字	登录进程	登录类型	登陆类型描述	类型	时间	目的	用户
4624	Audit Success	Advapi	2	Interactive	Information	2017/10/13 17:17:45	host25	user55
4624	Audit Success	Advapi	2	Interactive	Information	2017/10/13 17:17:45	host1	user55
4624	Audit Success	User32	10	Remoteactive	Information	2017/10/13 17:17:45	host3	user106
4624	Audit Success	Advapi	2	Interactive	Information	2017/10/13 17:17:45	host11	user4
4624	Audit Success	User32	10	Remoteactive	Information	2017/10/13 17:17:45	host11	user1

在正常情况下，需要进行如图 1 所示的建模工作。

图 1

对于输入的数据，我们需要按照用户进行数据聚合，将数据归拢到一起，然后进行基线计算（这里针对不同用户的基线计算可能会有差异）。接下来，进行基线比较（判断登录行为是否符合基线），最后将结果聚合到一起。对于整体流程中的每一步，都需要编写大量代码进行实现。但是，基线分析中存在一个问题，即需要频繁调整参数，算法才能获得最好的效果，甚至可能存在针对不同的用户使用不同的参数。这为安全运营工作带来了很多困难。

QAL重新定义了计算的表达方式，对于上述需求，用一条QAL就可以实现。整个流程和相关算法的实现都整合在一条QAL语句中，因此安全运营人员只需要根据现场数据情况调整参数即可，包括聚合策略、基线计算算法和基线阈值检测参数。

QAL极大提升了安全运营人员的运营效率，也极大地提升了安全事件的发现和处理速度。

三、QAL的设计和技术特点

QAL是一种新型语言，它与SQL的不同主要体现在算子/函数的扩展性上，而且QAL引擎的整体设计需要针对这一点进行特别考虑。

QAL引擎可以对接各种业务模块。各业务模块向QAL引擎的HTTP接口提交QAL语句，然后由引擎执行词语法解析、构建算子DAG图、进行图优化及在代码生成后进行选路，最后根据不同的业务场景（业务模块）选择生成任务包，并推送到计算平台（分布式计算框架Spark或Flink集群）执行，或直接在本地JVM后端以MPP（大规模并行处理）方式执行。

下面我们介绍一下QAL引擎中一些较为重要的关键技术。

（一）计算与存储分离

QAL引擎的主要关注点是异构数据源的统一分析处理，并为此设计了 10 多种数据类型和 100 多个通用函数。但是，QAL不负责数据存储相关的分片、副本、平衡等细节，存储能力由数据源提供。这个特点使得QAL能够通过扩展元数据收集插件和增加连接器，快速支持新的数据源。

（二）算子化及算子签名

QAL支持将任意复杂度的查询分解为语义稳定、数量有限的计算节点，每个节点可以是单个算子（实算子），也可以是一个单层的算子组（虚算子）。这些算子以抽象的二维表为计算对象提供表级、行级、列级、值级的转换和计算能力。

每个算子会被赋予一个签名，该签名的生成过程涉及诸多因素，例如算子类型、前驱算子、算子参数等。算子签名主要用于对算子序列进行快速甄别比较。

（三）符号作用域跟踪及动态类型推导

QAL支持动态创建、销毁字段，并提供了丰富的字段计算支持（运算符、函数），因此，完备的类型分析和隐式转换能力变得尤为重要。同时，动态类型推导也是实现高精度的类型检查的基础。

QAL也跟踪每个字段在DAG（有向无环图）中的生命期，并精确识别和维护其作用域，以保证符号系统的完整性。

（四）连接器的局部SQL化

将计算逻辑尽可能地推向数据源，以降低数据集规模是提高处理效率的常用方法。QAL的连接器在实现时最大程度地秉持了这一思想。对于一些支持SQL的数据源，QAL有针对性地将其中符合关系代数语义的算子整合映射为相应的SQL查询，并根据不同的数据源的要求，精细规划了函数、运算符的映射规则。

（五）周期性查询优化

业内常见的一般意义上的计算引擎/计算中间件都是SQL引擎，常见的SQL引擎的优化技术都是局限于单语句内部的优化技术（最多引入CBO[基于代价的优化]技术），这是由其业务背景决定的。

在传统场景下大多使用SQL，而SQL中常用的就是针对查询内的算子进行下推/转换等通用优化，这属于初级优化。而QAL的场景有很大不同。QAL中更多的是对数据进行变形处理，尤其是对较大数据集的处理。同时，一旦结束数据探索，用于特定场景的QAL语句会在一定的时间范围内固化，这条固化的QAL语句会在一段时间内反复使用，这就带来了QAL的一个典型的优化场景：周期性执行语句的优化。图优化就是在这种场景下使用的优化手段，它通过对历史执行的DAG进行分析，在发现DAG子图的使用频度较高时，动态进行数据缓存，将对完整数据的处理过程转换为对历史数据和较新数据的增量计算。

通过这种基于图优化的增量处理技术，可以有效降低数据的网络IO和计算资源的占用，并可以取得较好的处理时间加速比。

（六）动态代码生成

代码生成技术目前也是大数据领域中的常用技术。但是，传统的代码生成都比较简单，没有针对现代CPU进行特别的优化，而QAL使用LLVM运行期代码生成技术，结合向量化技术针对现代CPU进行了优化，能够为数据分析作业提供更高的性能和更低的开销，从而有效改善了资源利用率。

简单来说，一般的代码生成技术可以生成灵活的执行代码，但生成的执行代码在一般情况下仍受限于语言基础系统（例如JVM），因此执行效率有限。而QAL的执行引擎可以直接生成机器指令高速执行。

（七）列式存储+向量化查询

QAL的执行后端利用解耦数据的相关性进行批处理，提高了并行度，而且内部采用列式存储方式组织数据集，提高了数据压缩比并降低了IO量。同时，还通过向量化执行动态代码生成编译，获得算子逻辑，并在每层算子上一次性完成所有计算。

四、总结

针对安全运营的大数据特点，以及安全分析的需求特殊，我们尝试在计算资源受限的条件下提供一种比SQL更加接近自然语言，且不再注重语言描述结构的管道式DSL。在这一过程中，我们也充分吸收了当前主流查询引擎的设计思想与实践经验，感受到了现在引擎发展的日新月异。